1 Vergrößern und Verkleinern

1 : 1

1 : 2

2 : 1

Maßstab = Länge im Bild : Länge in der Wirklichkeit
1 : 10   1 cm im Bild entspricht 10 cm in der Wirklichkeit.
10 : 1   10 cm im Bild entsprechen 1 cm in der Wirklichkeit.

1. Ordne die Maßstäbe 1 : 50 000, 1 : 100, 50 : 1, 1 : 1 den Zeichnungen zu.

A

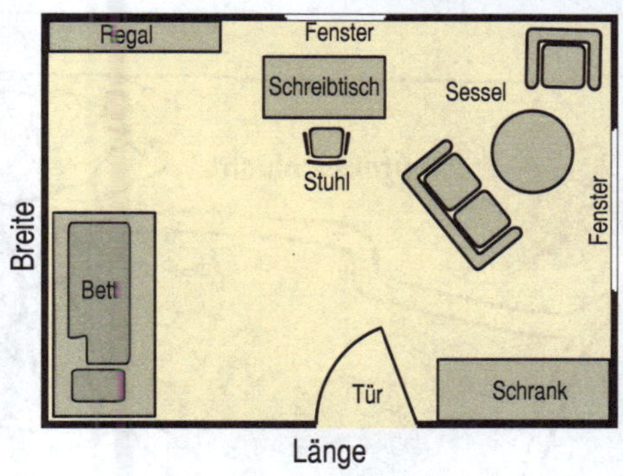

Maßstab ______________

B

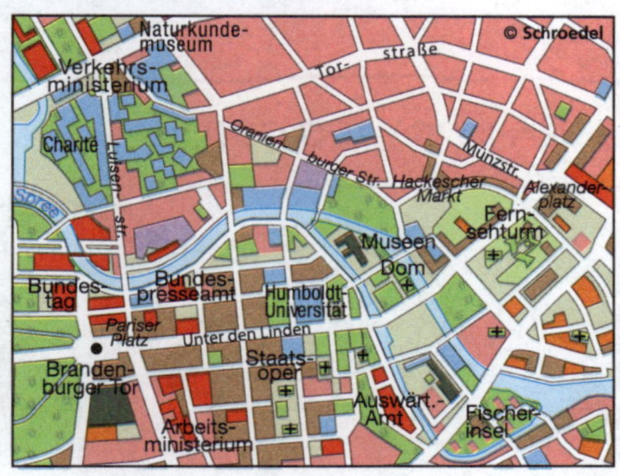

Maßstab ______________

C

Maßstab ______________

D

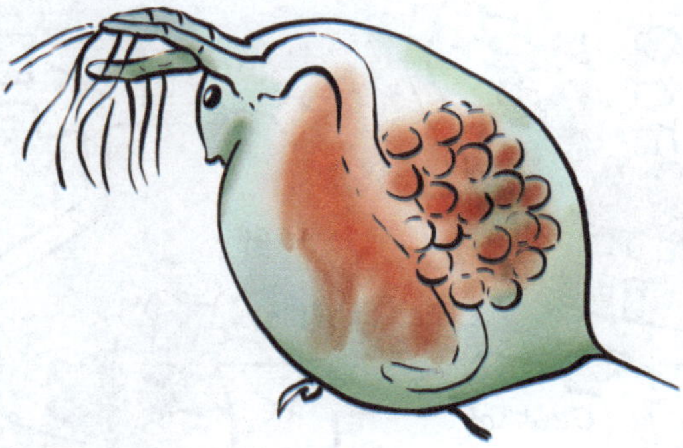

Maßstab ______________

2. Bestimme die fehlenden Maße.

a)

1 : 5	
Zeichnung	Wirklichkeit
1 cm	5 cm
3 cm	
4,5 cm	

b)

1 : 20	
Zeichnung	Wirklichkeit
1 cm	
6 cm	
2,5 cm	

c)

4 : 1	
Zeichnung	Wirklichkeit
4 cm	
12 cm	
10 cm	

Maßstab

1. Miss die Längen im Bild und berechne die Größe der Tiere in der Wirklichkeit.

a) Maßstab 1 : 5

Zeichnung	Wirklichkeit

b) Maßstab 1 : 50

Zeichnung	Wirklichkeit

c) Maßstab 10 : 1

Zeichnung	Wirklichkeit

2. Trage die fehlenden Werte ein.

Maßstab	1 : 5	1 : 10	1 : 100	100 : 1	10 : 1	5 : 1
Länge in der Zeichnung		3 cm			40 cm	25 cm
Länge in der Wirklichkeit	10 cm		250 cm	2 mm		

3.

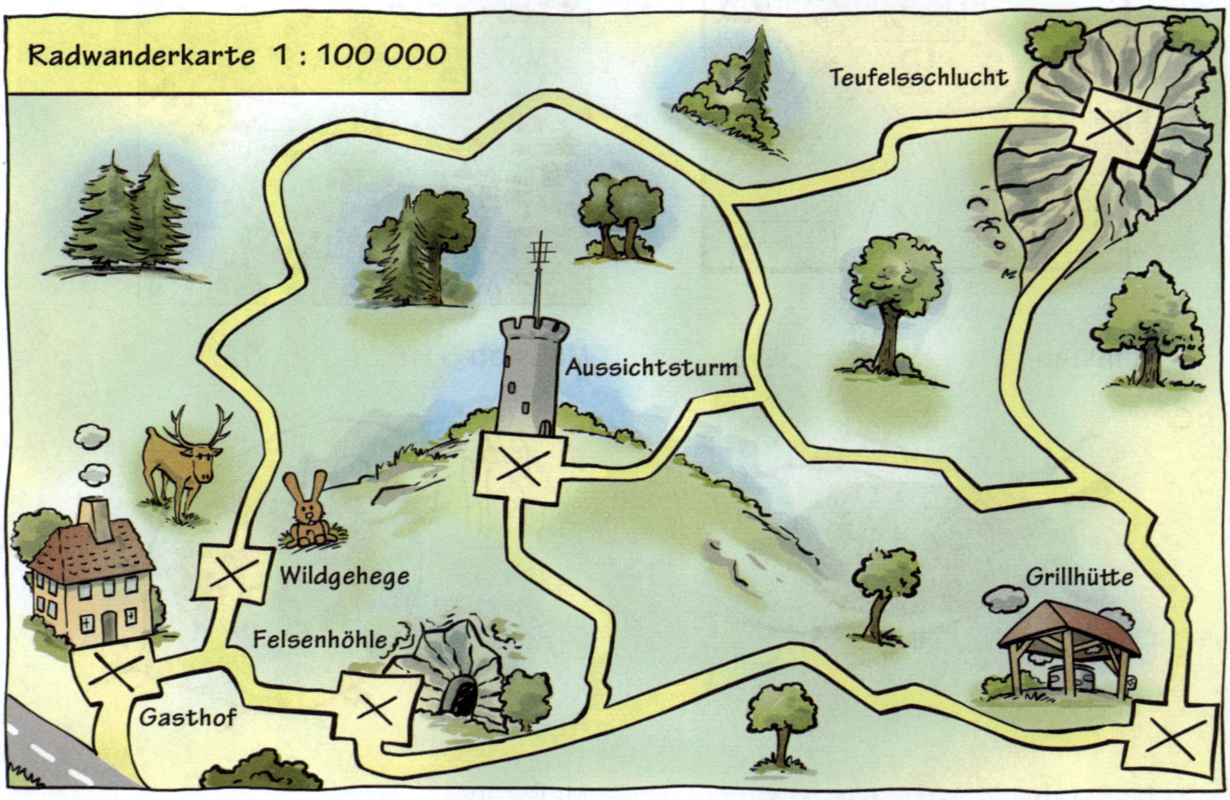

Bestimme die Luftlinienentfernung.

		Karte	Wirklichkeit
a)	Gasthof – Wildgehege	2 cm	200 000 cm = 2 km
b)	Gasthof – Aussichtsturm		
c)	Gasthof – Felsenhöhle		
d)	Gasthof – Grillhütte		
e)	Gasthof – Teufelsschlucht		

Vergrößern

1. Eine Fliege ist 8 mm lang. Sie wird unter einer Lupe betrachtet.
F: Wie lang erscheint die Fliege unter einer Lupe, die 2-fach vergrößert?

A: ____

2. Ein Rechteck mit den Seitenlängen a = 3 cm und b = 2 cm wird 3-fach vergrößert gezeichnet.
F: Wie lang werden die Seiten a und b bei 3-facher Vergrößerung gezeichnet?

A: ____

3. Zeichne die Figur 2-fach vergrößert.

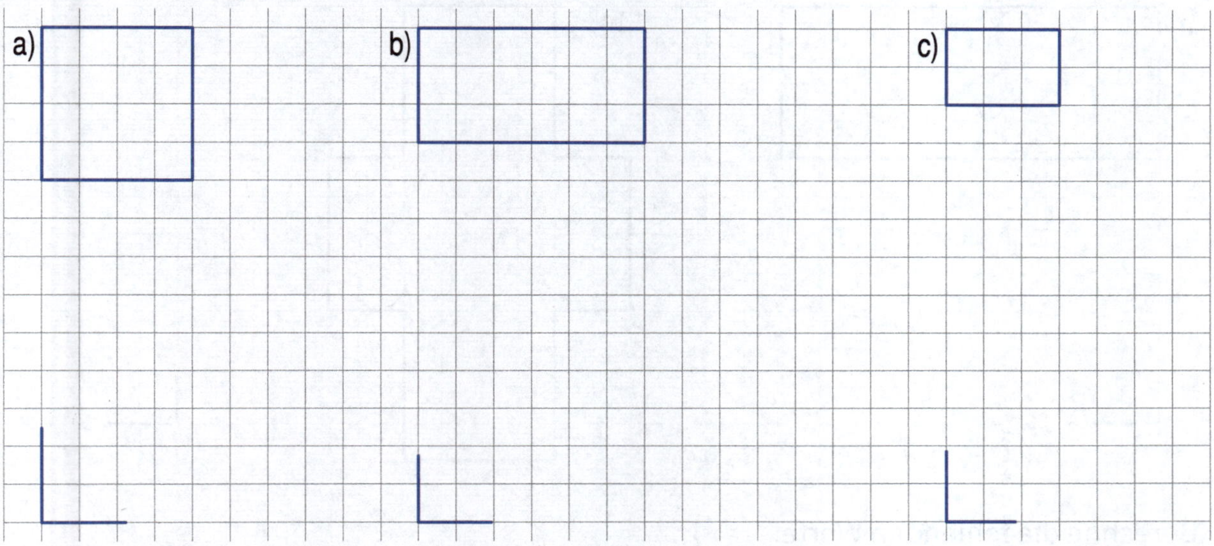

4. Berechne die fehlenden Werte.

Größe im Original	9 mm			5 mm	3 mm
Vergrößerung	10-fach	30-fach	20-fach	200-fach	500-fach
Maßstab	10 : 1				
Größe in der Abbildung		360 mm	40 mm		

5. Zeichne die Figur 2-fach vergrößert.

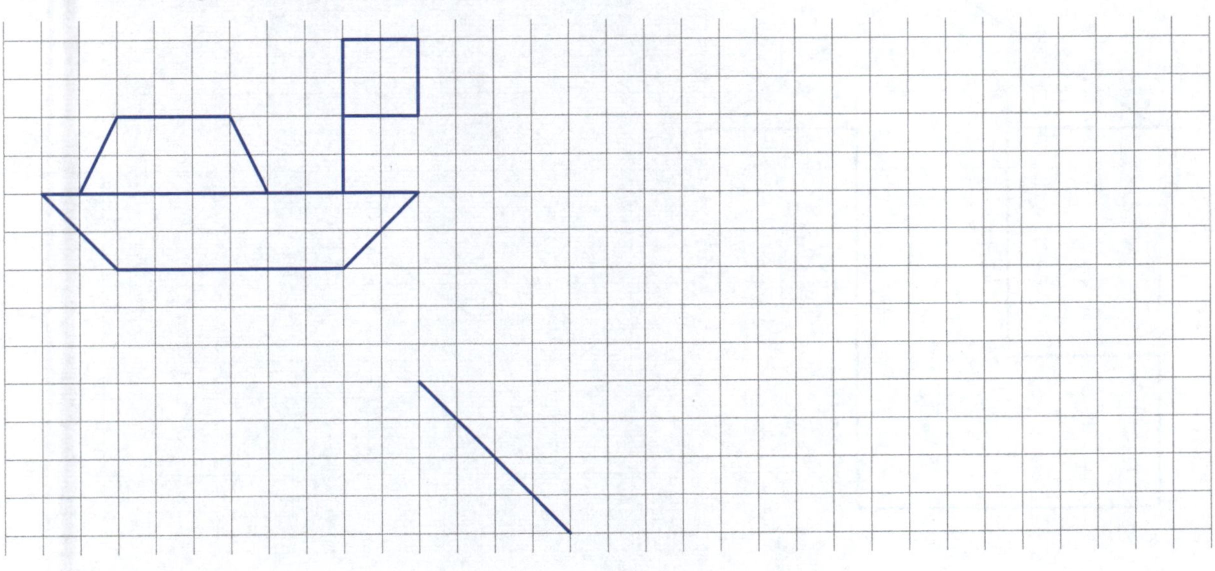

Verkleinern

1. Ein Kreuzfahrtschiff ist 200 m lang. Ein verkleinertes Modell des Schiffes wird angefertigt.
F: Wie lang wird ein 100-fach verkleinertes Modell des Schiffes?

A: ______________________________

2. Ein Quadrat hat die Seitenlänge a = 8 cm. Es wird 4-fach verkleinert gezeichnet.
F: Wie lang wird die Seite a bei 4-facher Verkleinerung gezeichnet?

A: ______________________________

3. Zeichne die Figur 2-fach verkleinert.

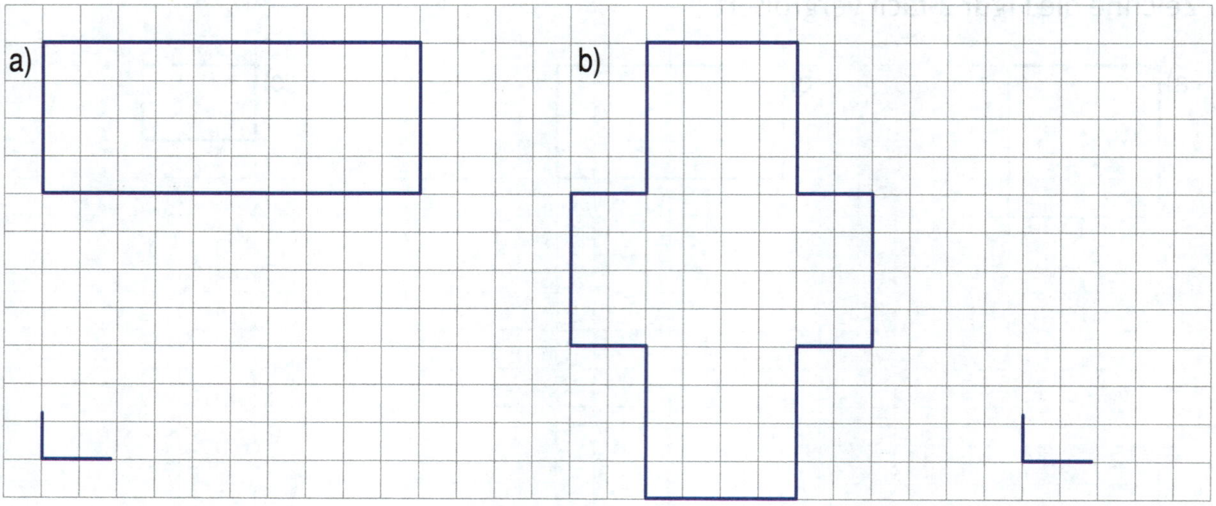

4. Berechne die fehlenden Werte.

Größe im Original	40 cm	100 cm		1 300 cm	
Verkleinerung	5-fach	20-fach	30-fach	100-fach	200-fach
Maßstab			1 : 30		
Größe in der Abbildung			5 cm		8 cm

5. Zeichne die Figur 2-fach verkleinert.

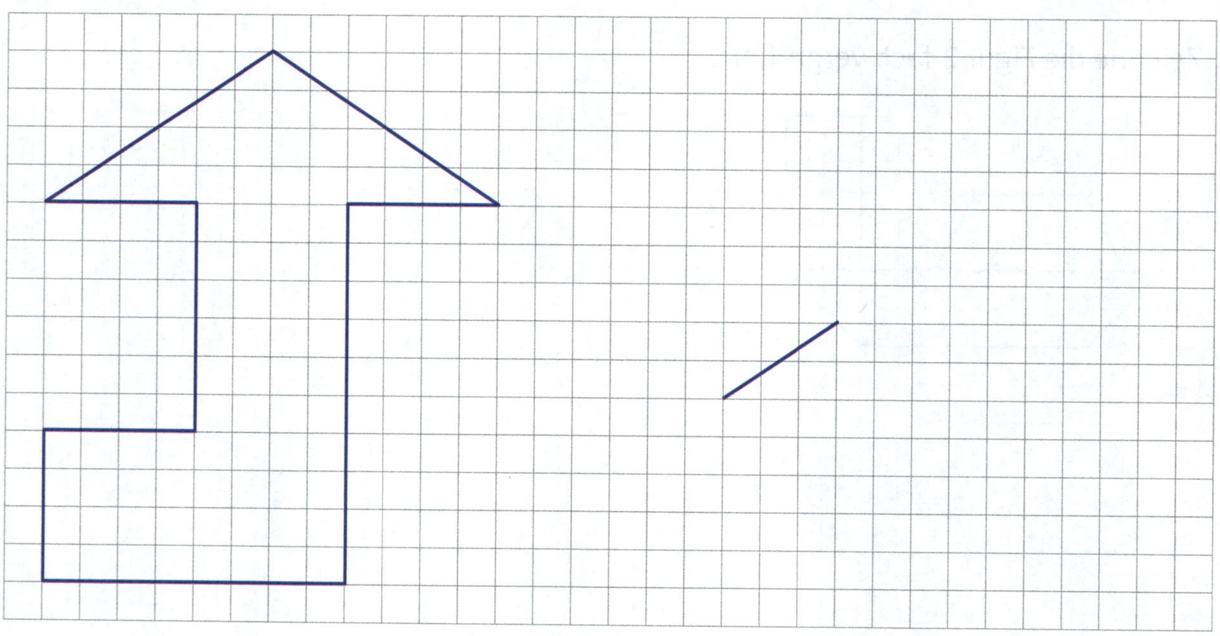

Sachaufgaben

1. Kann das stimmen? Kreuze an.

	ja	nein
a) Rosa fertigt eine Skizze vom Grundriss ihres Zimmers an. Sie zeichnet im Maßstab 1 : 1 00.		
b) Herr Narr lässt sich ein 10-fach verkleinertes Modell seines Autos anfertigen. Dieses Modell transportiert er dann im Kofferraum seines Autos.		
c) Ein Quadrat hat eine Seitenlänge von 5 cm. Frank zeichnet das Quadrat 8-fach vergrößert ins Heft.		
d) Laura zeichnet ein Rechteck in ihr Heft. Kemal zeichnet Lauras Rechteck im Maßstab 10 : 1 an die Tafel.		
e) Frau Wester erstellt einen Plan ihres Gartens. Sie wählt dazu den Maßstab 1 : 1.		

2. Auf der Deutschlandkarte sind die Städte Frankfurt und Wiesbaden 1 cm voneinander entfernt.

a) Bestimme die Entfernung der beiden Städte in Wirklichkeit.

Maßstab 1 : 3 000 000	
Karte	Wirklichkeit
1 cm	3 000 000 cm
1 cm	30 000 m
1 cm	km

b) Miss auf der Karte und berechne die Entfernung zwischen den Städten Mainz und Kaiserslautern.

_______ cm auf der Karte sind

in Wirklichkeit _______________ cm.

Das sind _______ km.

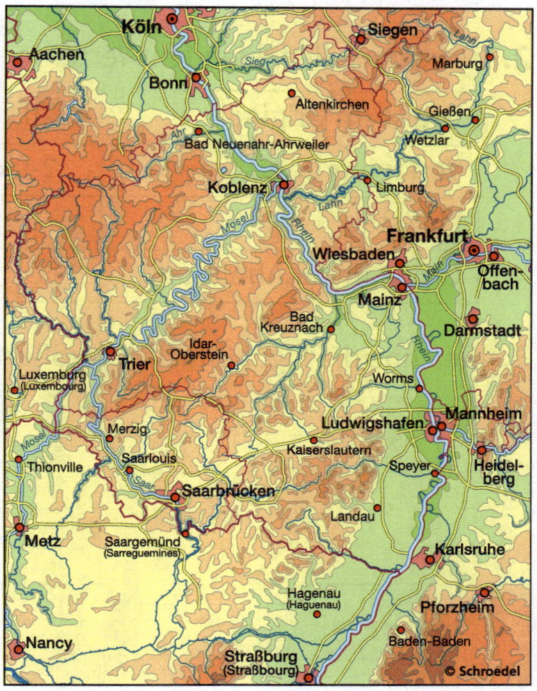

3. Vervollständige die Tabelle.

a)

1 : 100 000	
Karte	Wirklichkeit
1 cm	1 km
4 cm	
1,2 cm	
	7,5 km

b)

1 : 200 000	
Karte	Wirklichkeit
1 cm	2 km
3 cm	
	10 km
4,1 cm	

c)

1 : 50 000	
Karte	Wirklichkeit
1 cm	
2 cm	1 km
4 cm	
	3,5 km

4. Ein Spielplatz ist 80 m lang und 60 m breit.
In welchem Maßstab sollte ein Plan dieses Spielplatzes gezeichnet werden? Kreuze an.

☐ 1 : 100 ☐ 1 : 1 000 ☐ 1 : 10 000

Vermischte Übungen

1. Miss die Länge und die Höhe in der Zeichnung. Berechne die Größen in der Wirklichkeit.

a) Maßstab 1 : 100

Zeichnung	Wirklichkeit

b) Maßstab 1 : 200

Zeichnung	Wirklichkeit

c) Maßstab 1 : 2000

Zeichnung	Wirklichkeit

2. Berechne die fehlenden Werte.

Größe im Original	20 cm		200 cm	500 cm	40 cm
Verkleinerung	2-fach	20-fach		100-fach	
Maßstab		1 : 20	1 : 10		
Größe in der Abbildung		5 cm			8 cm

3. Zeichne die Figur 2-fach vergrößert.

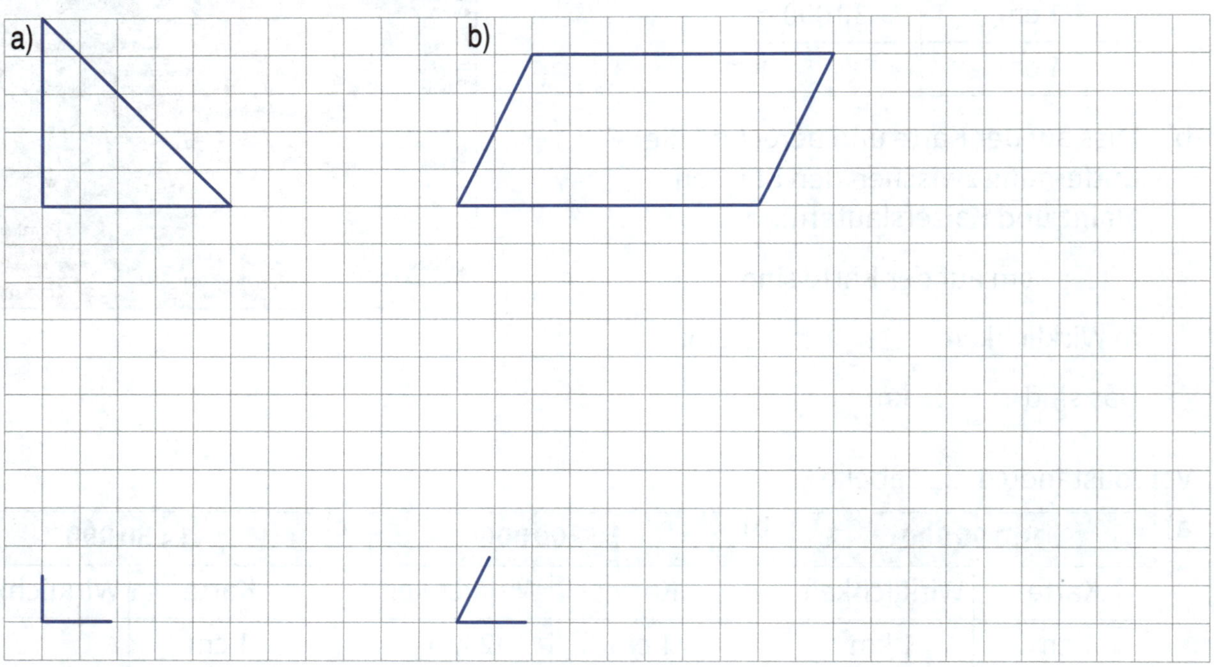

4. In einem Buch sind Tiere vergrößert oder verkleinert abgebildet. Trage ein, wie groß die Tiere in der Wirklichkeit sind.

	Maikäfer	Floh	Amsel	Maus	Reh
Maßstab	6 : 1	10 : 1	1 : 5	1 : 3	1 : 15
Bild	12 cm	4 cm	5 cm	3 cm	5 cm
Wirklichkeit					

2 Potenzen und Wurzeln

1. Jan möchte sein Taschengeld aufbessern. Er hilft seinen Eltern bei der Gartenarbeit. Für die Bezahlung macht er einen merkwürdigen Vorschlag: Am 1. Tag möchte er 2 Cent Lohn bekommen, danach an jedem weiteren Tag doppelt so viel wie am Vortag.

	1. Tag	2. Tag	3. Tag	4. Tag	5. Tag
Lohn in Cent	2	$2 \cdot 2 =$	$2 \cdot 2 \cdot 2 =$		

a) Vervollständige die Tabelle.
b) Wie viel Cent bekommt Jan am 7. Tag? Vervollständige Rechnung und Kurzform.

$2 \cdot 2 \cdot 2 \cdot$ ________________ = ______ Kurzform: $2^7 =$ ______

A: ____

> Ein Produkt aus gleichen Zahlen kann man kurz als Potenz schreiben.
>
> $\underbrace{3 \cdot 3 \cdot 3 \cdot 3 \cdot 3 \cdot 3 \cdot 3 \cdot 3}_{\text{8-mal die gleiche Zahl}} = 3^8$ ← Hochzahl
>
> Man sagt: „3 hoch 8“

2. Schreibe als Potenz.

a) $5 \cdot 5 \cdot 5 \cdot 5 =$ ______ b) $3 \cdot 3 \cdot 3 \cdot 3 \cdot 3 =$ ______ c) $7 \cdot 7 \cdot 7 \cdot 7 \cdot 7 \cdot 7 \cdot 7 =$ ______

d) $2 \cdot 2 \cdot 2 \cdot 2 \cdot 2 \cdot 2 \cdot 2 \cdot 2 \cdot 2 \cdot 2 =$ ______ e) $10 \cdot 10 \cdot 10 =$ ______ f) $8 \cdot 8 \cdot 8 =$ ______

3. Schreibe die Potenz ausführlich und berechne.

a) $3^3 =$ ______ · ______ · ______ = ______ b) $2^4 =$ ________________ = ______

c) $4^2 =$ ________________ = ______ d) $5^3 =$ ________________ = ______

4. a) Berechne. $3^2 =$ ____________ = ______ ; $2^3 =$ ____________ = ______ ; $3 \cdot 2 =$ ______
b) Kreuze die wahren Aussagen an.

Sibel ☐

Artur ☐

Laura ☐

5. Berechne.

$4 \cdot 3 =$ ______ ; $4^3 =$ ________________ ; $3^4 =$ ________________

6. Bei diesen Potenzen musst du nicht rechnen.

a) $1^5 =$ ______ b) $1^{10} =$ ______ c) $0^7 =$ ______ d) $9^1 =$ ______

Potenzen

1. Vervollständige die Tabelle.

Potenz	3^2		2^4	7^2		10^2
Produkt		$4 \cdot 4 \cdot 4$			$5 \cdot 5 \cdot 5$	
Ergebnis						

2. Kleiner, größer oder gleich? Berechne, dann setze ein: <, > oder =

a) $6 \cdot 2$ ☐ 2^6 b) $3 \cdot 4$ ☐ 3^4 c) $1 \cdot 5$ ☐ 1^5 d) 5^2 ☐ 2^5

12 ___ ___ ___ ___ ___ ___ ___

3. Hier kannst du ohne Rechnung entscheiden. Setze ein: <, > oder =

a) $3 \cdot 2$ ☐ 3^2 b) $3 \cdot 3$ ☐ 3^3 c) $2 \cdot 2$ ☐ 2^2 d) 10^2 ☐ 5^2

4. Was gehört zusammen? Färbe jeweils mit der gleichen Farbe.

$5+5+5+5$	$4 \cdot 4 \cdot 4 \cdot 4 \cdot 4$	$3 \cdot 3 \cdot 3 \cdot 3$	$5 \cdot 5 \cdot 5 \cdot 5$	$4+4+4$
3^4	$4 \cdot 5$	5^4	$3 \cdot 4$	4^5

5. Die Hochzahl kannst du durch Probieren bestimmen. Trage sie ein.

a) $4 = 2^{☐}$ b) $27 = 3^{☐}$ c) $16 = 4^{☐}$ d) $16 = 2^{☐}$ e) $100 = 10^{☐}$

f) $8 = 2^{☐}$ g) $25 = 5^{☐}$ h) $36 = 6^{☐}$ i) $32 = 2^{☐}$ j) $1\,000 = 10^{☐}$

6. Die Hochzahl ist angegeben. Wie heißt die fehlende Zahl?

a) $☐^2 = 81$ b) $☐^2 = 49$ c) $☐^3 = 8$ d) $☐^2 = 16$ e) $☐^4 = 16$

7. Kreuze die wahren Aussagen an. Du kannst ohne Rechnung entscheiden.

2^2 ist das Doppelte von 2.	5^3 ist das Fünffache von 5^2.	3^2 ist das Doppelte von 3.

Luca ☐

Lola ☐

Bert ☐

Quadratzahlen

1. Alle Figuren in dieser Reihe sollen in gleiche kleine Quadrate eingeteilt sein.

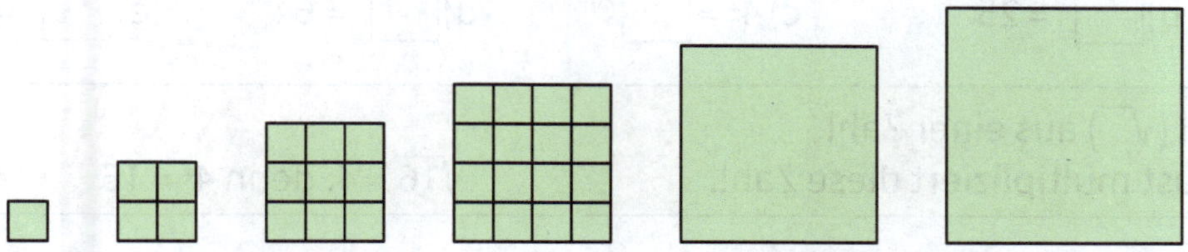

① ② ③ ④ ⑤ ⑥

a) Trage in die Tabelle ein, wie viele kleine Quadrate jede Figur enthält.

Nummer der Figur	1	2	3	4	5	6
Anzahl der Quadrate	1	4				

b) Die Reihe wird fortgesetzt. Welche Nummer hat die Figur, die 100 kleine Quadrate enthält?

A: ______________________________

> Wenn man eine Zahl mit sich selbst multipliziert, erhält man das Quadrat der Zahl. $3 \cdot 3 = 9$ $3^2 = 9$

2. Trage die fehlenden Zahlen ein.

a) $5^2 = 5 \cdot$ ___ b) $3^2 = 3 \cdot$ ___ c) $6^2 = 6 \cdot$ ___ d) $2^2 = 2 \cdot$ ___ e) $1^2 = 1 \cdot$ ___

3. Ergänze die Quadratzahlen in der Tabelle.

Zahl	1	2	3	4	5	6	7	8	9	10
Quadrat der Zahl										

4. Berechne.

a) $9^2 =$ ___ b) $8^2 =$ ___ c) $7^2 =$ ___ d) $4^2 =$ ___ e) $10^2 =$ ___

5. Einige dieser Zahlen sind keine Quadratzahlen. Streiche sie durch.

7	9	15	19	33	36	44	59	64	77	81	88	90	99	100

6. Achte auf die Nullen.

a) $1^2 = 1$ $10^2 = 100$ $100^2 =$ ______ $1000^2 =$ ______

b) $2^2 =$ ___ $20^2 =$ ______ $200^2 =$ ______ $2000^2 =$ ______

c) $5^2 =$ ___ $50^2 =$ ______ $500^2 =$ ______ $5000^2 =$ ______

7. Trage die benachbarten Quadratzahlen ein.

> a) $25 < 30 < 36$

a) ___ $< 30 <$ ___ b) ___ $< 40 <$ ___

c) ___ $< 70 <$ ___ d) ___ $< 50 <$ ___ e) ___ $< 80 <$ ___

f) ___ $< 10 <$ ___ g) ___ $< 60 <$ ___ h) ___ $< 90 <$ ___

Quadratwurzeln

1. Ergänze die fehlende Zahl.

a) $3^2 = \square$ b) $\square^2 = 25$ c) $4^2 = \square$ d) $\square^2 = 64$ e) $\square^2 = 36$

> Die Quadratwurzel ($\sqrt{\ }$) aus einer Zahl ergibt mit sich selbst multipliziert diese Zahl. $\sqrt{16} = 4$, denn $4^2 = 16$

2. Trage die fehlenden Zahlen ein.

a) $\sqrt{9}$ = ______, denn ______^{2} = 9 b) $\sqrt{49}$ = ______, denn ______^{2} = ______

c) $\sqrt{81}$ = ______, denn ______^{2} = ______ d) $\sqrt{100}$ = ______, denn ______^{2} = ______

3. Ein Quadrat hat den Flächeninhalt 36 cm². Wie lang ist eine Seite des Quadrats?

A: ______________________________

4. Ein Blumenbeet ist 8 m lang und 4,50 m breit. Die Fläche eines quadratischen Gemüsebeets ist so groß wie die Fläche des Blumenbeets. Ergänze die fehlenden Zahlen.

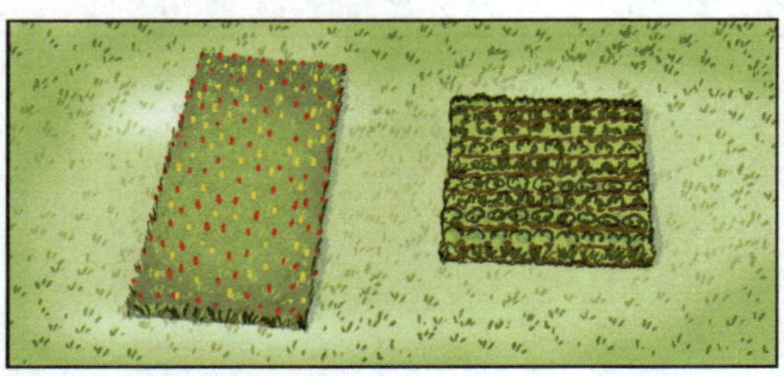

Blumenbeet	Gemüsebeet
Länge: ______ Breite: ______	Flächeninhalt: ______
Flächeninhalt: ______	Länge einer Seite: ______

5. Für viele Zahlen ist die Wurzel keine ganze Zahl. Gib zwei aufeinanderfolgende ganze Zahlen an, zwischen denen die Wurzel liegt.

a) ______ $< \sqrt{7} <$ ______, denn ______^{2} < 7 < ______^{2}

b) ______ $< \sqrt{2} <$ ______, denn ______^{2} < 2 < ______^{2}

c) ______ $< \sqrt{10} <$ ______, denn ______^{2} < 10 < ______^{2}

d) ______ $< \sqrt{30} <$ ______, denn ______^{2} < 30 < ______^{2}

6. Welche Zahl ist der auf Zehntel gerundete Wert der Quadratwurzel? Kreuze an.

a) $\sqrt{10}$: ◯ 2,5 ◯ 3,2

b) $\sqrt{15}$: ◯ 3,9 ◯ 4,5

c) $\sqrt{99}$: ◯ 9,9 ◯ 10,1

d) $\sqrt{48}$: ◯ 6,9 ◯ 7,1

Geometrische Berechnungen

1. Der Flächeninhalt der Quadrate ist gegeben. Berechne jeweils die Seitenlänge.

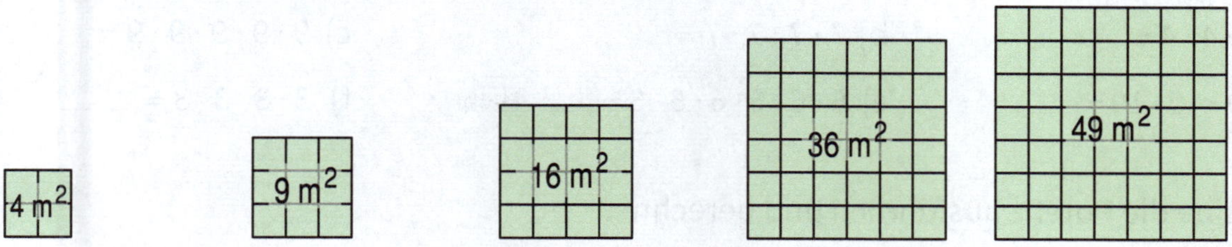

a = ________ a = ________ a = ________ a = ________ a = ________

2. Ein Blumenbeet hat die Form eines Quadrats. Die Fläche beträgt 25 m².
Wie lang ist eine Seite des Beetes?

A: ____

3. Ein quadratisches Blech hat eine Fläche von 81 cm². Wie lang ist eine Seite?

A: ____

4. Die Terrasse von Familie Jung ist 9 m lang und 4 m breit. Die Terrasse von Familie Radek hat die Form eines Quadrats. Die Fläche ist so groß wie bei der Terrasse von Familie Jung. Ergänze die fehlenden Zahlen.

Familie Jung
Länge: ________ Breite: ________

Flächeninhalt: ________

Familie Radek
Flächeninhalt: ________

Länge einer Seite: ________

5. Der Randstreifen neben einer Straße ist 50 m lang und 2 m breit. Der Gärtner braucht dafür genau ein Paket Rasensamen. Für ein quadratisches Beet im Park braucht der Gärtner ebenfalls genau ein Paket Rasensamen. Wie lang ist eine Seite des Beets im Park?

A: ____

6. Ein quadratisches Beet ist 81 m² groß.
Wie lang ist der Zaun um das Beet?

A: ____

Vermischte Übungen

1. Schreibe als Potenz.

a) $4 \cdot 4 \cdot 4 =$ ______ b) $7 \cdot 7 \cdot 7 \cdot 7 =$ ______ c) $9 \cdot 9 \cdot 9 \cdot 9 \cdot 9 =$ ______

d) $10 \cdot 10 \cdot 10 =$ ______ e) $6 \cdot 6 \cdot 6 \cdot 6 \cdot 6 \cdot 6 =$ ______ f) $3 \cdot 3 \cdot 3 \cdot 3 =$ ______

2. Schreibe die Potenz ausführlich und berechne.

a) $4^3 =$ ______ · ______ · ______ = ______ b) $2^5 =$ ______ = ______

c) $8^2 =$ ______ = ______ d) $3^3 =$ ______ = ______

3. Die Hochzahl kannst du durch Probieren bestimmen. Trage sie ein.

a) $9 = 3^{\square}$ b) $16 = 2^{\square}$ c) $16 = 4^{\square}$ d) $100 = 10^{\square}$ e) $8 = 2^{\square}$

f) $49 = 7^{\square}$ g) $27 = 3^{\square}$ h) $32 = 2^{\square}$ i) $64 = 8^{\square}$ j) $64 = 4^{\square}$

4. Die Hochzahl ist angegeben. Wie heißt die fehlende Zahl?

a) $\square^2 = 64$ b) $\square^3 = 8$ c) $\square^4 = 16$ d) $\square^2 = 25$ e) $\square^3 = 27$

5. Berechne die Quadratzahlen.

a) $5^2 =$ ______ b) $2^2 =$ ______ c) $7^2 =$ ______ d) $3^2 =$ ______ e) $10^2 =$ ______

f) $9^2 =$ ______ g) $8^2 =$ ______ h) $6^2 =$ ______ i) $1^2 =$ ______ j) $6^2 =$ ______

6. Trage die fehlenden Zahlen ein.

a) $\sqrt{36}$ = ______, denn ______$^2 = 36$ b) $\sqrt{49}$ = ______, denn ______$^2 = 49$

c) $\sqrt{25}$ = ______, denn ______$^2 = 25$ d) $\sqrt{100}$ = ______, denn ______$^2 = 100$

7. Der Flächeninhalt eines Quadrats ist gegeben. Wie lang ist eine Seite des Quadrats?

a) $A = 81\ m^2$ b) $A = 64\ m^2$ c) $A = 100\ m^2$ d) $A = 144\ m^2$

a = ______ m a = ______ m a = ______ m a = ______ m

8. Robert möchte um sein quadratisches Kaninchengehege neuen Maschendraht befestigen. Die Fläche des Geheges beträgt $49\ m^2$. Wie viel Meter Maschendraht benötigt Robert?

A: ______________________________

3 Kreisumfang und Kreisfläche

1. Zeynep und Lukas messen immer den Umfang und den Durchmesser. Wie lang ist ungefähr der Umfang u eines Kreises mit dem Durchmesser d = 8 cm?

A: ______________________________

2. Wie groß ist ungefähr der Umfang der Räder?

a) d = 90 cm

u ≈ ____________
u ≈ ____________
u ≈ ____________

b) d = 70 cm

u ≈ ____________
u ≈ ____________
u ≈ ____________

c) d = 50 cm

u ≈ ____________
u ≈ ____________
u ≈ ____________

d) d = 120 cm

u ≈ ____________
u ≈ ____________
u ≈ ____________

3. Der Radius ist angegeben. Berechne den Durchmesser. Trage ihn ein. Durch Überschlagen findest du heraus, welches Ergebnis für den Umfang des Kreises stimmt. Kreuze an.

a) r = 15 cm

d = ____________

☐ u = 94 cm
☐ u = 75 cm
☐ u = 124 cm

b) r = 2 cm

d = ____________

☐ u = 17,4 cm
☐ u = 15,3 cm
☐ u = 12,6 cm

Umfang eines Kreises

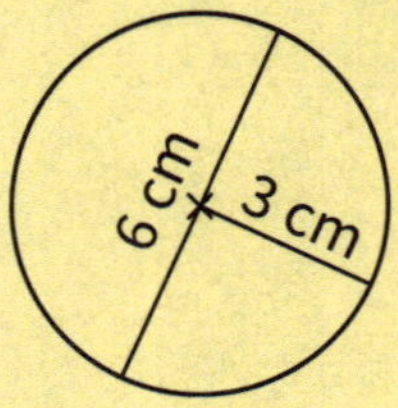

Für den Umfang eines Kreises gilt:

$u = \pi \cdot d$

$u = 3{,}14 \cdot 6\ \text{cm}$

$u = 18{,}84\ \text{cm}$

$u = 2 \cdot \pi \cdot r$

$u = 2 \cdot 3{,}14 \cdot 3\ \text{cm}$

$u = 18{,}84\ \text{cm}$

Wir rechnen mit $\pi = 3{,}14$.

1. Vervollständige die beiden Rechnungen zur Bestimmung des Umfangs.

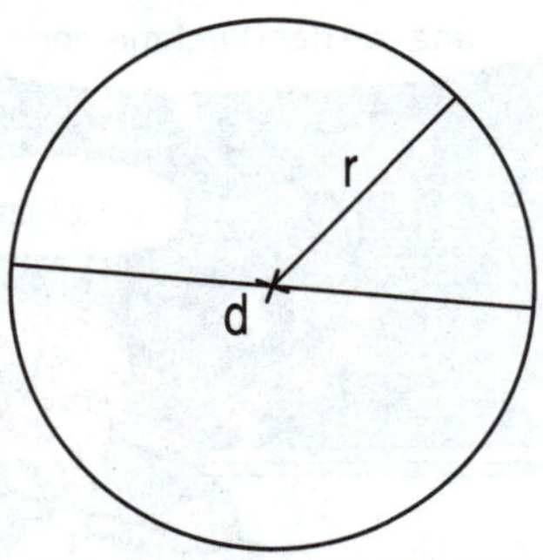

d = 4 cm

$u = \pi \cdot d$

$u = 3{,}14 \cdot 4\ \text{cm}$

u = ______ cm

$u = 2 \cdot \pi \cdot r$

u = 2 · 3,14 · ______ cm

u = ______ cm

2. Durchmesser d oder Radius r des Kreises sind gegeben. Berechne den Umfang u.

a)

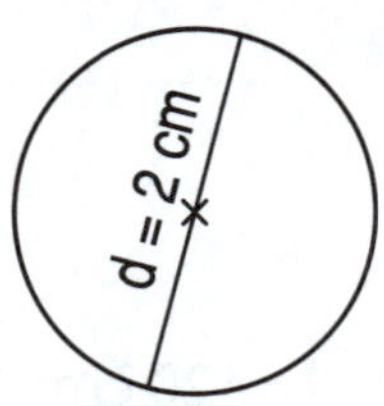

u = π · d ______

u = ______

u = ______

b)

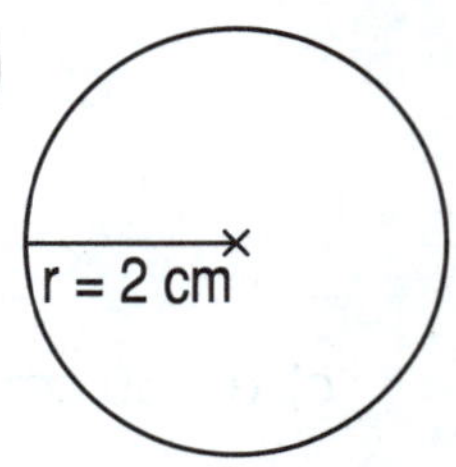

u = 2 · π · r ______

u = ______

u = ______

c)

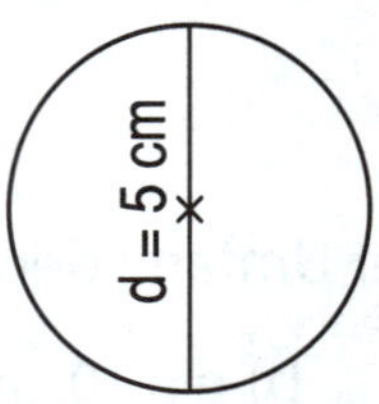

u = ______

u = ______

u = ______

d)

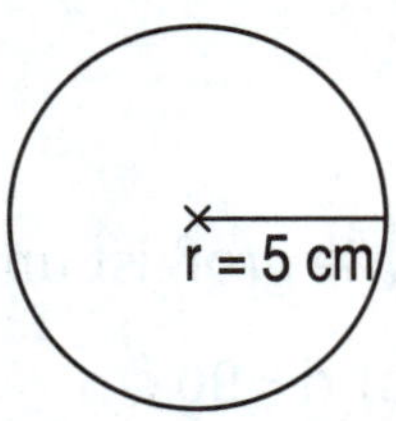

u = ______

u = ______

u = ______

3. Berechne die fehlenden Werte für den Kreis.

	a)	b)	c)	d)	e)	f)
Radius (r)	4 cm	5 cm	20 cm	40 cm		
Durchmesser (d)					14 cm	22 cm
Umfang (u)						

Umfang eines Kreises

1. Zeichne einen Durchmesser ein. Miss seine Länge. Berechne den Umfang des Kreises.

a)

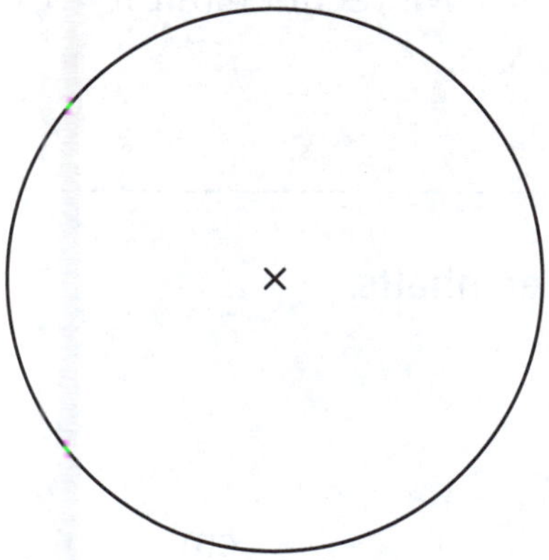

d = ______ cm

$u = \pi \cdot d$

u = ______

u = ______

b)

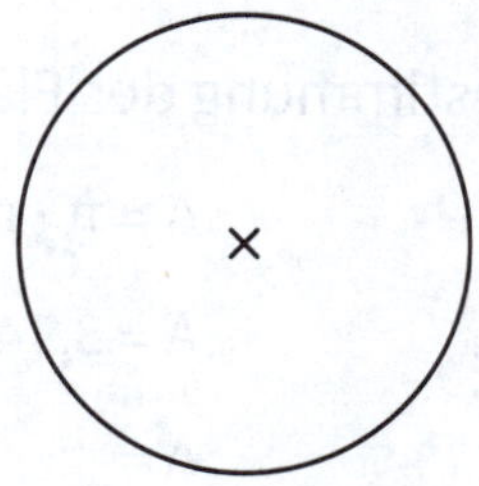

d = ______ cm

u = ______

u = ______

u = ______

c)

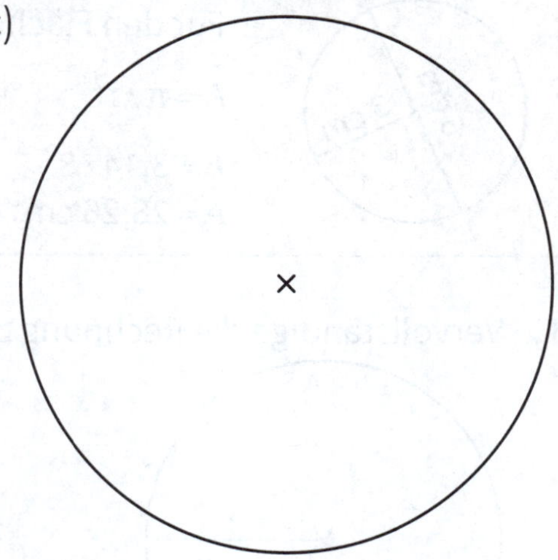

d = ______ cm

u = ______

u = ______

u = ______

2. Das große Riesenrad von London hat einen Durchmesser von 122 m. Wie lang ist der Fahrweg, den ein Fahrgast bei einer Umdrehung zurücklegt?

A: ______

3. Die größte Turmuhr der Welt befindet sich auf dem Royal Clock Tower Hotel in Mekka.

a) Welchen Weg legt die Spitze des großen Zeigers in einer Stunde zurück?

A: ______

b) Welchen Weg legt die Spitze des kleinen Zeigers an einem Tag zurück?

A: ______

Flächeninhalt eines Kreises

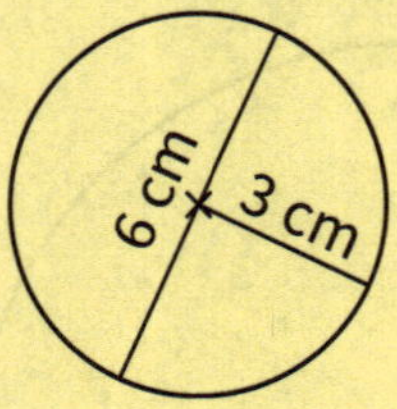

Für den Flächeninhalt eines Kreises gilt:

$A = \pi \cdot r^2$

$A = 3{,}14 \cdot 3^2$

$A = 28{,}26\ cm^2$

$3^2 = 3 \cdot 3$

Wir rechnen mit $\pi = 3{,}14$.

1. Vervollständige die Rechnung zur Bestimmung des Flächeninhalts.

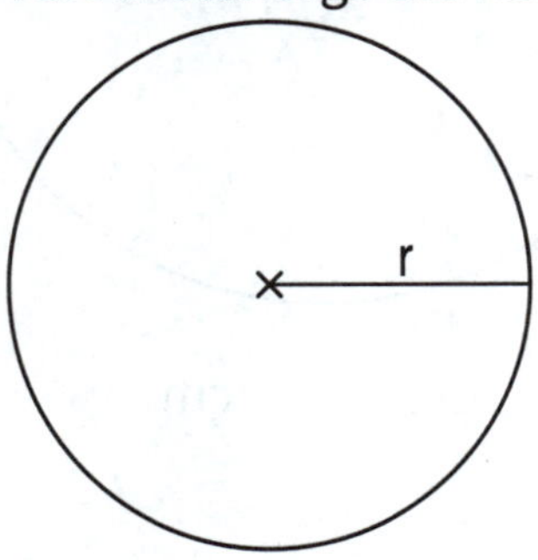

r = 2 cm

$A = \pi \cdot r^2$

$A = 3{,}14 \cdot$ ______

A = ____________________ cm^2

2. Zeichne einen Radius ein. Miss seine Länge. Berechne den Flächeninhalt des Kreises.

a)

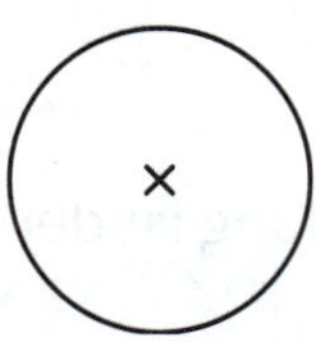

r = ____________________

$A = \pi \cdot r^2$

A = ____________________

A = ____________________

b)

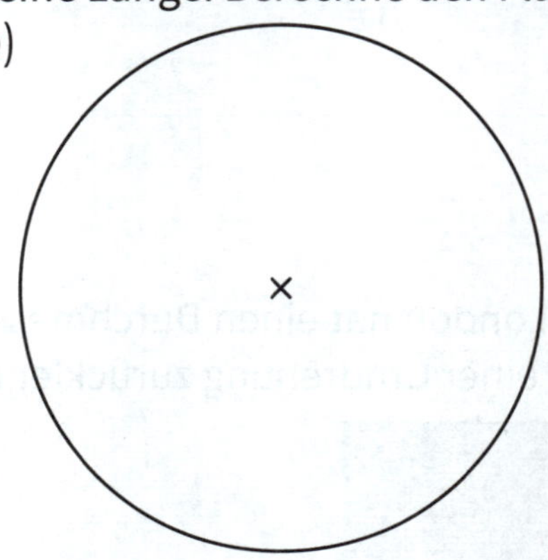

r = ____________________

A = ____________________

A = ____________________

A = ____________________

c)

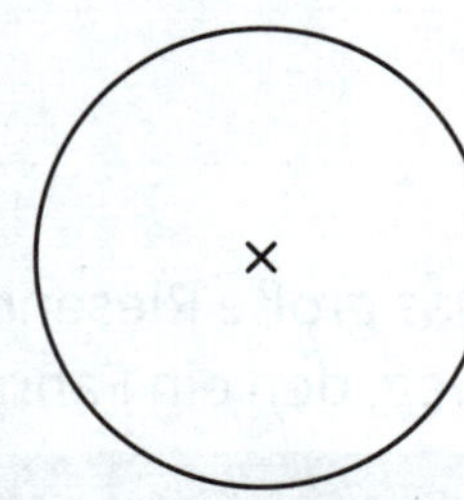

r = ____________________

A = ____________________

A = ____________________

A = ____________________

3. Berechne die fehlenden Werte für den Kreis.

	a)	b)	c)	d)	e)	f)
Radius (r)				23 cm	34 cm	
Durchmesser (d)	12 cm	30 cm	50 cm			34 cm
Flächeninhalt (A)						

Flächeninhalt eines Kreises

1. Der Radius r des Kreises ist gegeben. Berechne den Flächeninhalt A.

a)

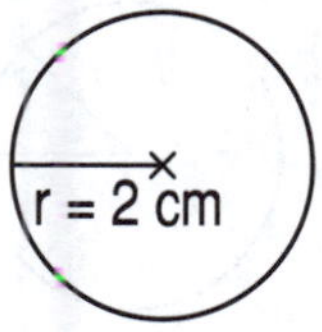

b)

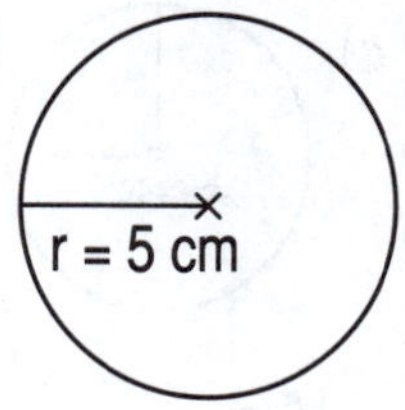

c)

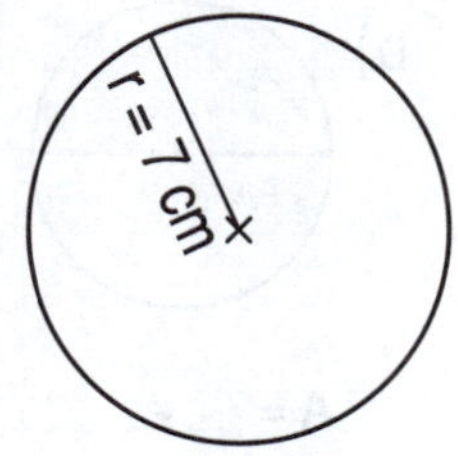

d)

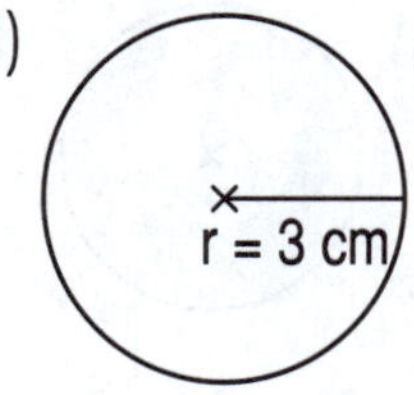

a)
$A = \pi \cdot r^2$
$A = 3{,}14 \cdot 2 \cdot 2$
A = ____________

b)
A = ____________
A = ____________
A = ____________

c)
A = ____________
A = ____________
A = ____________

d)
A = ____________
A = ____________
A = ____________

2. Der rotierende Arm einer Bewässerungsanlage ist 9 m lang. Berechne die bewässerte Fläche.

A: ____

3. Eine Ziege ist an einem Pfahl auf der Wiese angeleint. Die Leine ist 4 m lang.

a) Wie groß ist die Fläche, auf der die Ziege grasen kann?

A: ____

b) Die Länge der Leine wird verdoppelt. Wie groß ist jetzt die Fläche, auf der die Ziege grasen kann?

A: ____

Kreisteile

1. Der Radius des Kreises beträgt 4 cm. Berechne den Flächeninhalt der gefärbten Fläche.

a) 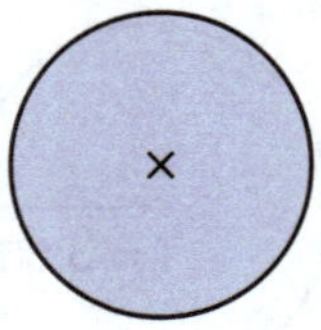

A = ____________

b) 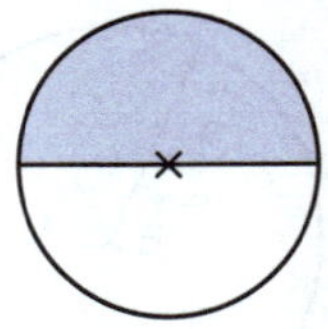

A = ____________

c) 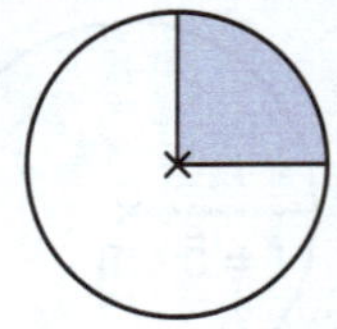

A = ____________

d) 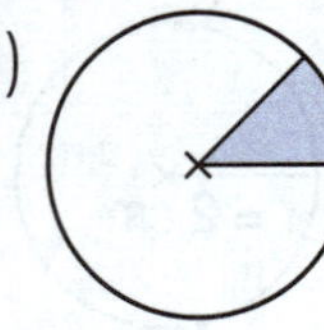

A = ____________

2. Beim Bringdienst gibt es zwei Pizza-Angebote zum gleichen Preis. Bei welchem Angebot bekommt man mehr Pizza?

Halbe Maxi-Pizza
Durchmesser 44 cm

Kleine Pizza
Durchmesser 22 cm

A: ____

3. Auf einer Verkehrsinsel werden ein kreisrundes Blumenbeet und eine ringförmige Rasenfläche angelegt. Berechne die angegebenen Größen.

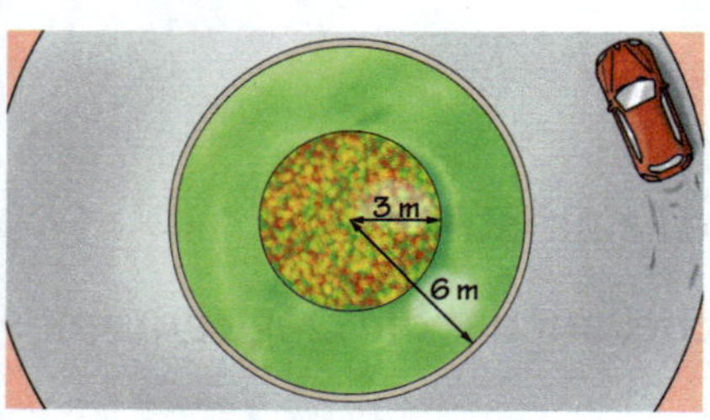

Größe der Verkehrsinsel: ____________

Größe des Blumenbeetes: ____________

Größe der Rasenfläche: ____________

4. Berechne den Flächeninhalt der gefärbten Fläche.

a) 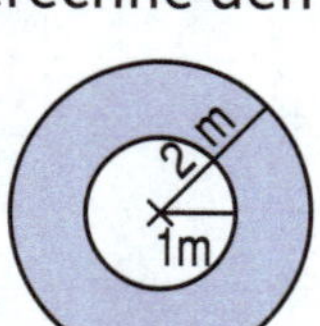

A = ____________

b) 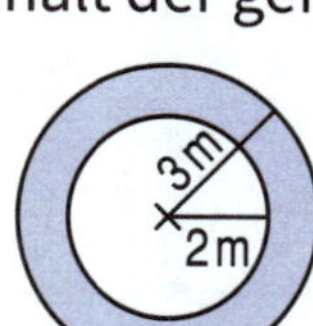

A = ____________

Übungen zu Umfang und Flächeninhalt eines Kreises

1. Umfang und Flächeninhalt der gefärbten Figur sollen berechnet werden. Miss benötigte Längen, dann rechne.

a)

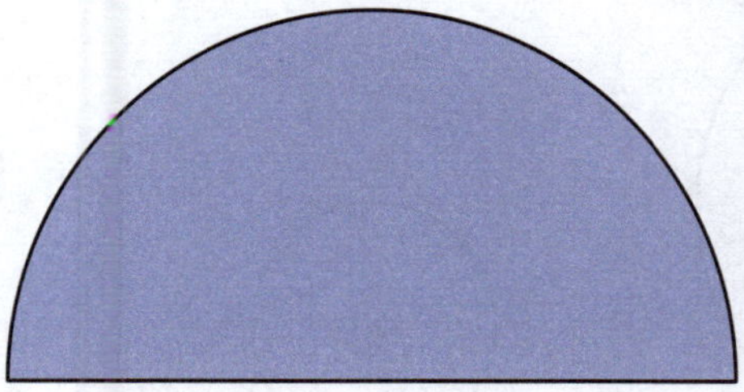

u = ______ cm

A = ______ cm²

b)

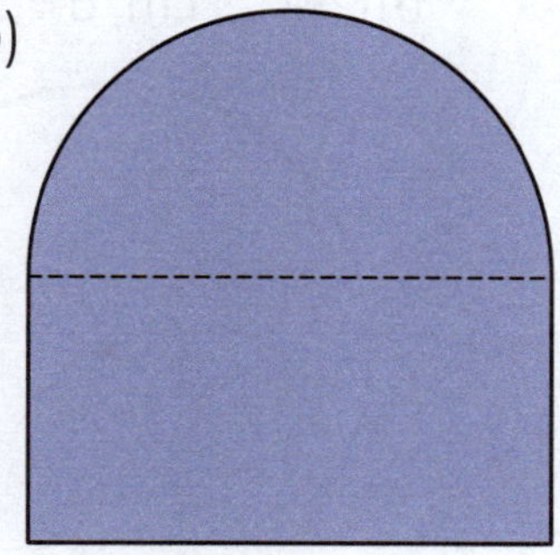

u = ______ cm

A = ______ cm²

c)

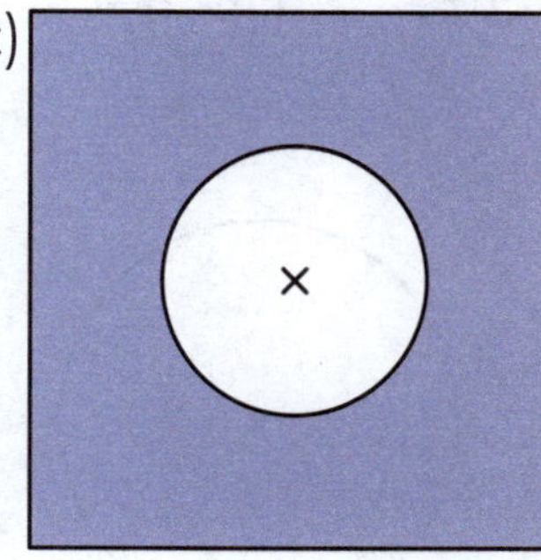

u = ______ cm

A = ______ cm²

2. Berechne den Umfang und den Flächeninhalt der Sportanlage.

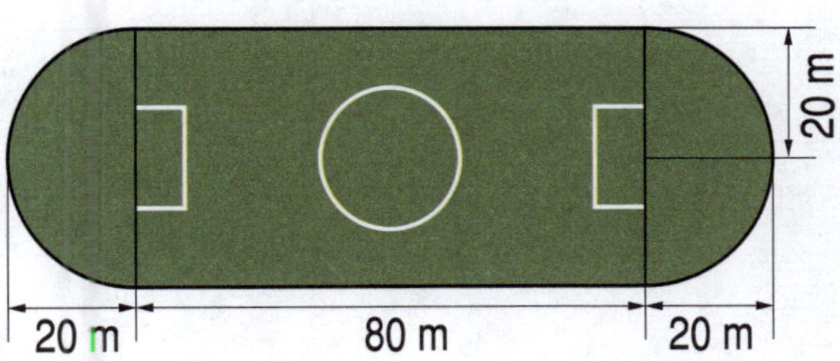

u = ______ m A = ______ m²

3. Drei Freunde überlegen, ob sie drei kleine Pizzas kaufen oder eine große Pizza teilen sollen. Sie möchten möglichst viel Pizza für ihr Geld bekommen. Wie sollten sie sich entscheiden?

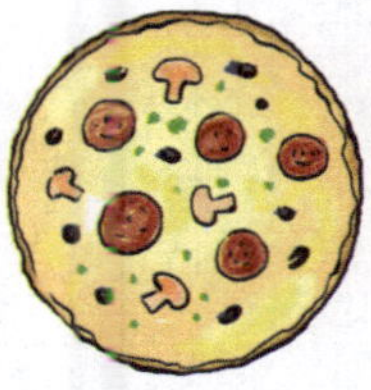

r = 10 cm
Preis: 5 €

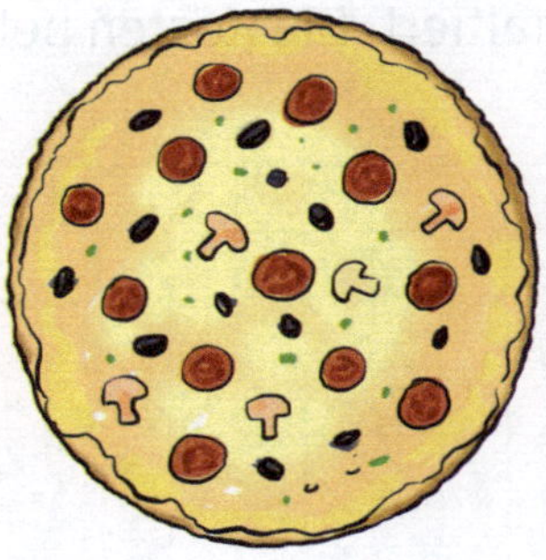

r = 20 cm
Preis: 12 €

Fläche von drei kleinen Pizzas: A = ______ Fläche einer großen Pizza: A = ______

A: ______

Vermischte Übungen

1. Zeichne einen Radius (r) und einen Durchmesser (d) ein. Miss die Länge von r und d.

a) r = ___ cm , d = ___ cm b) r = ___ cm, d = ___ cm c) r = ___ cm, d = ___ cm

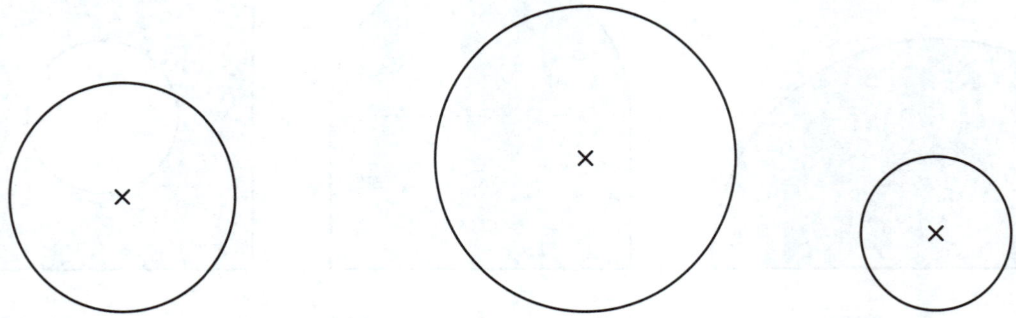

2. Bestimme den Radius r. Berechne Umfang und Flächeninhalt des Kreises.

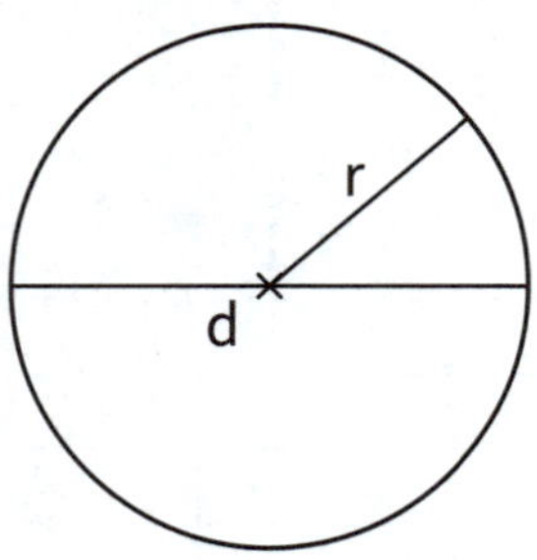

d = 12 cm

r = ___ cm

u = ___________ A = ___________

u = ___________ A = ___________

u = ___________ A = ___________

3. Berechne den Flächeninhalt der gefärbten Figur.

a)

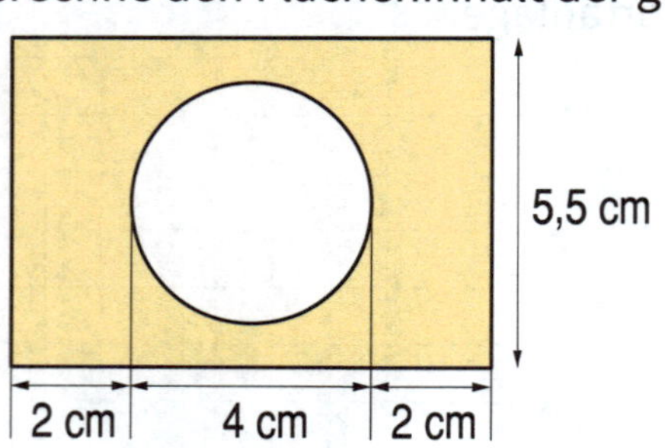

A = ___________ cm^2

4. Auf dem Platz können Rettungs-Hubschrauber landen und wieder starten.
   a) Wie groß ist die Fläche des Platzes?
   b) Wie groß ist der Umfang des Platzes?
   c) Der Hubschrauber-Landeplatz wird neu asphaltiert. Die Kosten betragen 76 € pro m^2. Wie hoch sind die Gesamtkosten?

A = ___________ u = ___________

A: ____

4 Zuordnungen

1. Die Klasse 9b verkauft auf dem Schulfest Fruchtsaft nach eigenem Rezept.
Lies die Werte aus dem Schaubild ab und vervollständige die Tabelle.

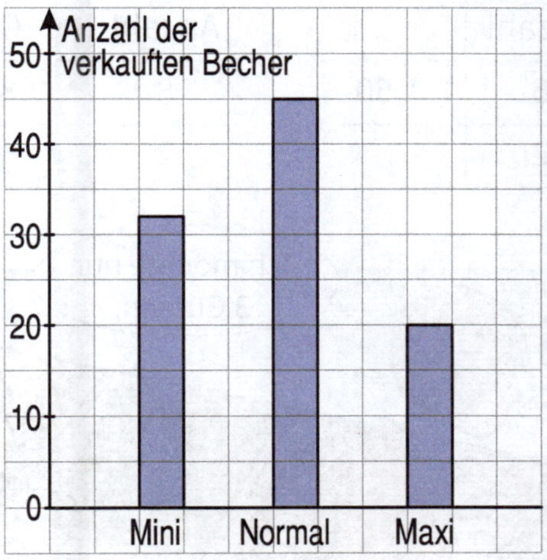

Größe	Mini	Normal	Maxi
Anzahl der Becher	32		
Einnahme in €	16		

2. Schreibe das Rezept um.

1 Liter Multi-Fruchtsaft
500 ml Apfelsaft
300 ml Birnensaft
200 ml Kirschsaft

a) **2 Liter Multi-Fruchtsaft**

Apfelsaft	______ ml
Birnensaft	______ ml
Kirschsaft	______ ml

b) **4 Liter Multi-Fruchtsaft**

Apfelsaft	______ ml
Birnensaft	______ ml
Kirschsaft	______ ml

3. Für das Schulfest werden Werbezettel verteilt. Dafür können mehrere Personen eingesetzt werden.
Vervollständige die Tabelle. Wurden die Punkte im Schaubild richtig eingetragen? Prüfe.

Personen	Werbezettel
1	600
3	200
4	
	120
6	

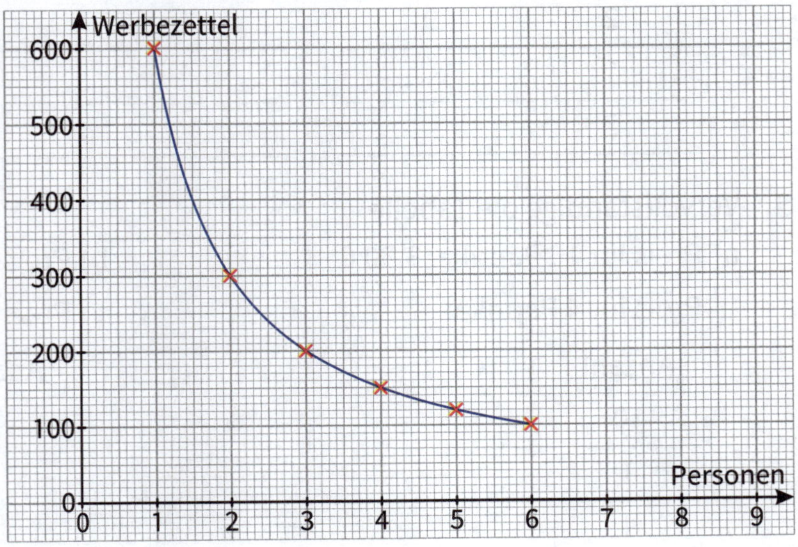

Proportionale Zuordnungen

1. Fünf Äpfel kosten zusammen 2 €. Herr Kreutz kauft 10 Äpfel.

F: ______________________________

A: ______________________________

2. Berechne den fehlenden Preis.

a)

Kirschen	
kg	€
2	6,00
8	

b)

Birnen	
Anzahl	€
3	1,20
9	

c)

Tomaten	
Anzahl	€
6	1,50
2	

d)

Kiwi	
Anzahl	€
8	2,80
2	

3. Vier Gurken kosten 3,20 €.
Wie teuer sind 3 Gurken?

Anzahl	€
4	3,20
1	
3	

A: ______________________________

4. Wie viel Euro bezahlen die Kunden?

a)

Anzahl	€
2	9
1	
3	

b)

kg	€

c)

kg	€

5. Vervollständige die Tabelle.

a) Preis für 10 Paprika: 3,90 €

Preis für 4 Paprika: ________ €

Anzahl	€
10	
1	
4	

b) Preis für 2 Tomaten: 0,70 €

Preis für 5 Tomaten: ________ €

Anzahl	€

Antiproportionale Zuordnungen

1. Am Montag haben 6 Lkw Baustoffe transportiert. Jeder Lkw musste zweimal fahren. Am Dienstag stehen für den gleichen Transport nur 2 Lkw bereit.
F: Wie oft muss jeder Lkw fahren?

A: ______________________________

Lkw	Fahrten

: ___ · ___

2. Wie viele Fahrten sind nötig?

a) **Holz**

Lkw	Fahrten
3	2
1	

b) **Steine**

Lkw	Fahrten
4	3
2	

c) **Kies**

Lkw	Fahrten
3	6
9	

3. Wie oft muss jeder Lkw fahren?

Lkw	Fahrten
3	4
1	
2	

A: ______________________________

4. Wie viele Fahrten sind notwendig?

a)

Lkw	Fahrten

b)

Lkw	Fahrten

c)

Lkw	Fahrten

5. Wie viele Fahrten sind nötig? Löse mit einer Tabelle.

a) 4 Lkw: 15 Fahrten
6 Lkw: ___ Fahrten

b) 5 Lkw: 12 Fahrten
3 Lkw: ___ Fahrten

Proportionale und antiproportionale Zuordnungen

1. Ist die Zuordnung proportional (p) oder antiproportional (a)? Kreuze an.

	p	a
a) Auf jedem Parkdeck werden 8 Strahler angebracht. Diese kosten zusammen 552 Euro. Wie viel Euro kosten 4 Strahler?		
b) 8 Handwerker benötigen 2 Stunden, um die Strahler anzubringen. Wie lange brauchen 4 Handwerker für diese Tätigkeit?		
c) Für 8 Arbeitsstunden erhält ein Handwerksbetrieb 272 Euro. Wie viel Euro erhält die Firma für 4 Arbeitsstunden?		
d) Mit 8 Maschinen können pro Stunde 480 Pakete verpackt werden. Wie viele Pakete werden mit 4 Maschinen in einer Stunde verpackt?		

2. Ist die Zuordnung proportional oder antiproportional?
Trage ein, dann ergänze die fehlenden Werte in der Tabelle.

a) **Kosten**

Fahrten	€
3	9,60
1	
2	

b) **Arbeitszeit**

Handwerker	h
3	8
1	
4	

c) **Benzinverbrauch**

km	ℓ
200	12
100	
500	

3. Wie viele Bagger braucht man, um die Arbeit nach 6 Stunden zu beenden?

Bagger	h

A: ______________________________

4. Für die Vorbereitung des Schulfests wird an 5 Tagen je 6 Stunden lang gearbeitet.
Für das Aufbauen und Bestücken der Stände braucht eine Person 30 Stunden.
a) Vervollständige die Tabellen.
b) Eine der Tabellen gehört zu einer proportionalen Zuordnung.
Erstelle dazu das Schaubild.

Tage	h
1	6
2	12
3	
4	
5	

Personen	h
1	30
2	15
3	
4	
5	

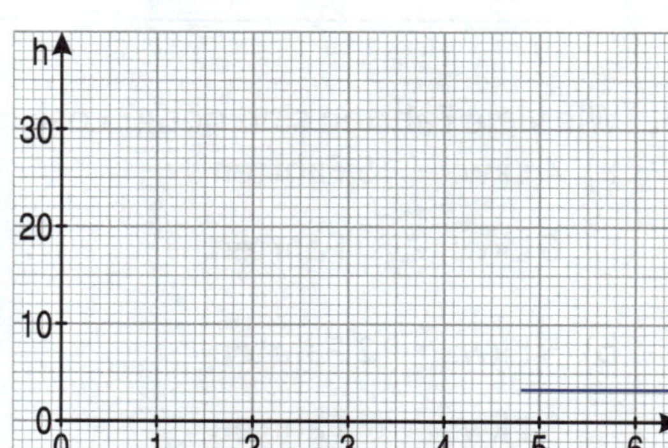

Lineare Funktionen

1. Ein Wasserbecken enthält 200 m³ Wasser. In jeder Stunde wird gleich viel Wasser hinzugefüllt. Vervollständige die Tabelle und das Schaubild.

Wassermenge	
h	m³
0	200
1	250
2	300
3	
4	
5	
6	
7	
8	

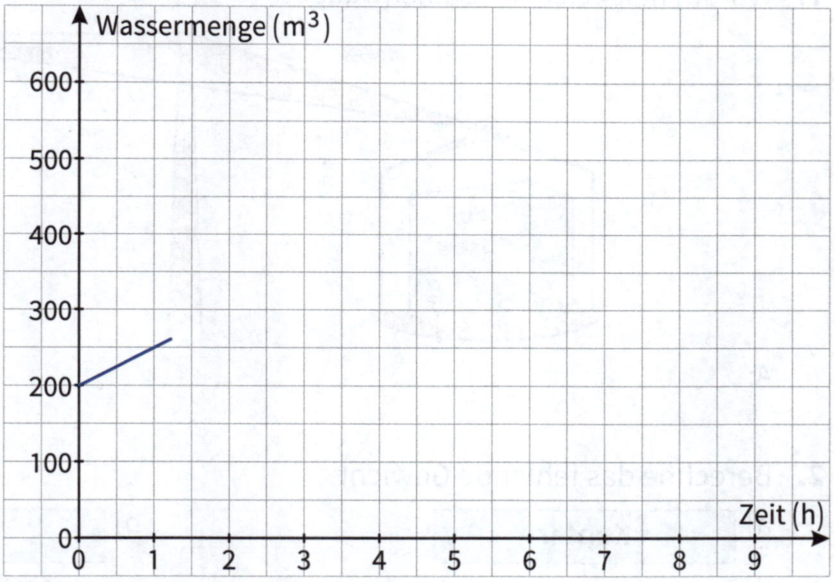

2. Ein Wasserbecken enthält 300 m³ Wasser. Zum Leeren des Beckens wird in jeder Stunde gleich viel Wasser abgepumpt. Vervollständige die Tabelle und das Schaubild.

Wassermenge	
h	m³
0	300
1	275
2	
3	
4	200
5	
6	

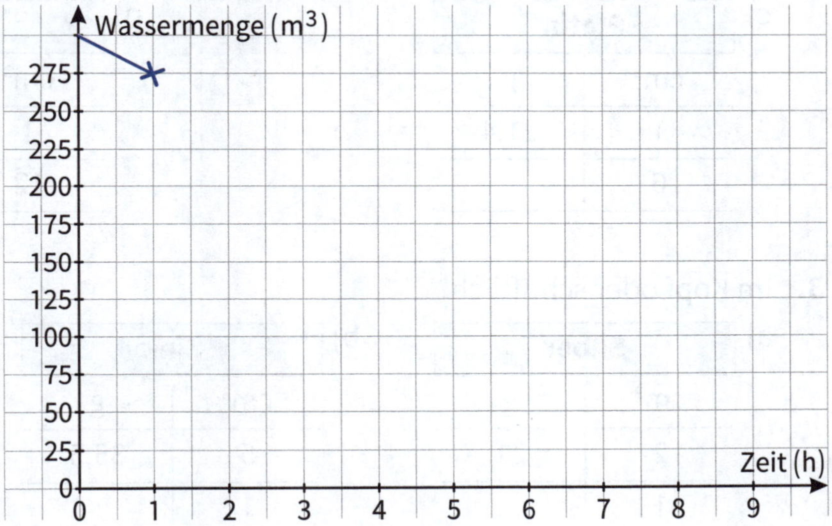

3. Wasser wird gleichmäßig abgepumpt. Vervollständige die Tabelle.

a)

Wassermenge	
min	ℓ
0	400
1	350
2	
3	

b)

Wassermenge	
min	ℓ
0	500
1	480
2	
10	

c)

Wassermenge	
min	ℓ
0	200
1	190
2	
4	

4. In ein mit 30 ℓ Wasser gefülltes Aquarium werden pro Minute 5 ℓ Wasser hinzugefüllt. Wie viel Liter Wasser sind nach 10 Minuten im Aquarium?

A: ______________________________

Dichte

Die Dichte gibt in Gramm (g) an, wie viel 1 cm^3 wiegt.

1. Warum neigt sich die Balkenwaage?

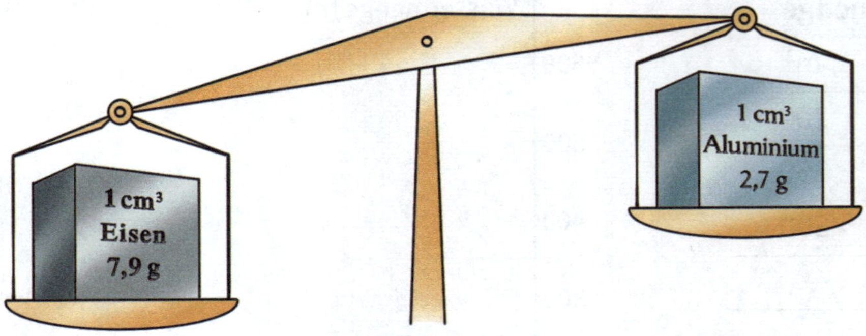

A:

2. Berechne das fehlende Gewicht.

a)

Kupfer	
cm^3	g
1	8,9
5	

b)

Gold	
cm^3	g
1	19,3
5	

c)

Platin	
cm^3	g
1	21,4
6	

d)

Eisen	
cm^3	g
1	7,9
12	

3. Im Kopf oder schriftlich?

a)

Silber	
cm^3	g
2	21
1	
3	

b)

Zink	
cm^3	g
5	35,5
1	
3	

c)

Blei	
cm^3	g
10	113
1	
3	

4. Ein cm^3 Wasser wiegt 1 g. Wie viel Gramm wiegt 1 ℓ Wasser?

A:

5. Ein Eiswürfel mit dem Volumen 4 cm^3 wiegt 3,6 g. Wie viel Gramm wiegt 1 cm^3 Eis?

A:

Geschwindigkeit

1. Wie viel Kilometer werden in einer Stunde zurückgelegt?

a)

h	km
2	10
1	

b)

h	km
3	
1	

c)

h	km

2. a) In 2 Stunden fährt Jan mit dem Fahrrad 39 Kilometer weit.
F: Wie viel Kilometer legt er pro Stunde zurück?

A: ______________________________

h	km

b) In einer halben Stunde fährt Iman mit Rollschuhen 9 km weit.
F: Wie viel Kilometer würde sie in einer Stunde fahren?

A: ______________________________

h	km

c) Wer fährt mit höherer Geschwindigkeit: Jan oder Iman?

A: ______________________________

3. Im Kopf oder schriftlich?

a)

Lkw	
h	km
2	130
1	
3	

b)

Pkw	
h	km
4	300
1	
3	

c)

Motorrad	
h	km
3	315
1	
5	

4. Frau Arp legt in einer Stunde 80 km zurück. Wie weit fährt sie in einer halben Stunde?

A: ______________________________

Vermischte Übungen

1. Vervollständige die Tabelle.

a) Preis für 5 Rosen: 3,00 €

Preis für 4 Rosen: ______ €

Anzahl	€
5	
1	
4	

b) Preis für 3 Tulpen: 1,20 €

Preis für 4 Tulpen: ______ €

Anzahl	€

2. In 2 Stunden fährt Frau Mull mit dem Auto 170 Kilometer weit.
F: Wie viel Kilometer fährt sie pro Stunde?

h	km

A: ____

3. Wie viele Fahrten sind nötig? Löse mit einer Tabelle.

a) 3 Lkw: 8 Fahrten
2 Lkw: ___ Fahrten

b) 4 Lkw: 6 Fahrten
6 Lkw: ___ Fahrten

c) 7 Lkw: 10 Fahrten
5 Lkw: ___ Fahrten

4. Ein Taxiunternehmer erhebt eine Anfahrtsgebühr von 4,00 €. Für jeden gefahrenen Kilometer berechnet er 1,40 €.
Vervollständige die Tabelle und das zugehörige Schaubild.

Preis	
km	€
0	4,00
1	
2	
3	8,20
4	9,60
5	11,00
6	
7	
8	
9	

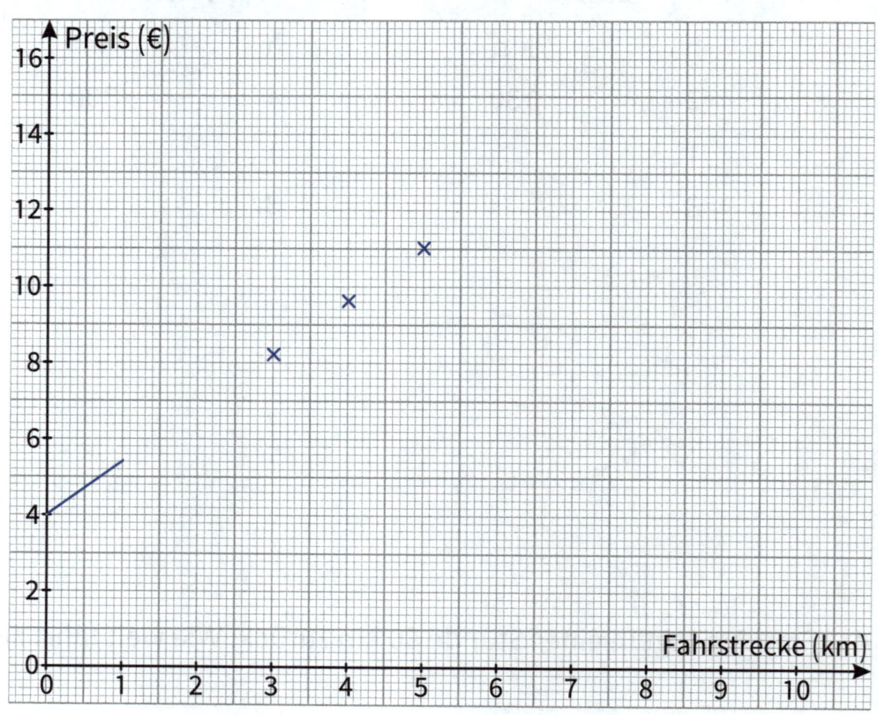

5 Der Satz des Pythagoras

1. Die Dreiecke sind rechtwinklig. Markiere in jedem Dreieck die längste Seite rot und den rechten Winkel grün.

a) 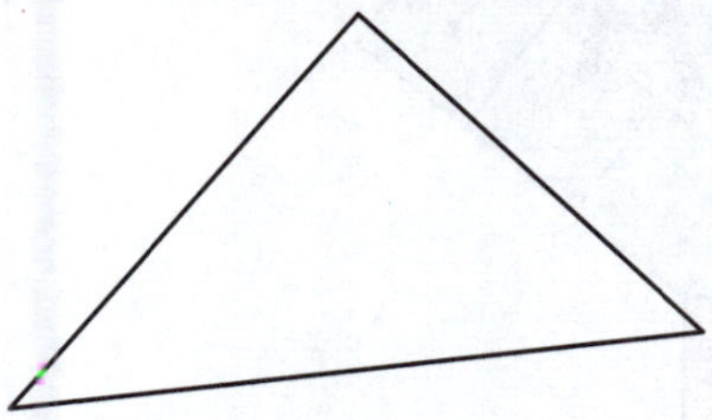

b) 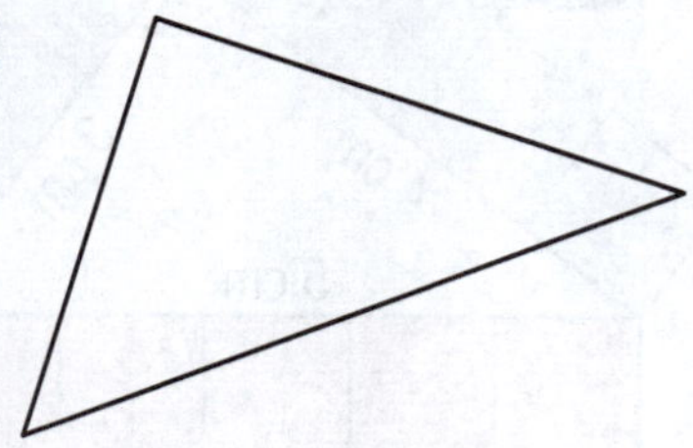

c) 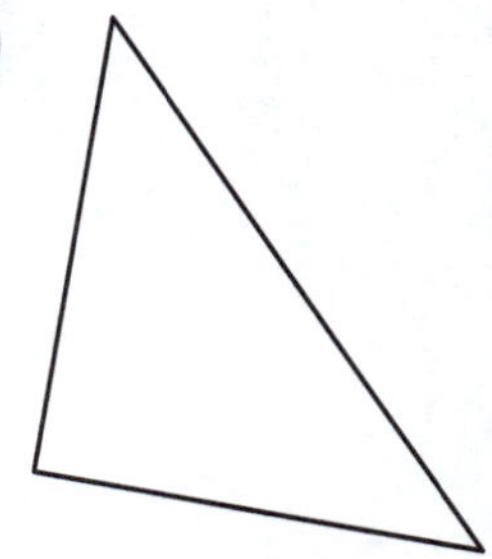

In jedem rechtwinkligen Dreieck liegt die längste Seite dem rechten Winkel gegenüber.
Sie heißt Hypotenuse.

Die Katheten schließen den rechten Winkel ein.

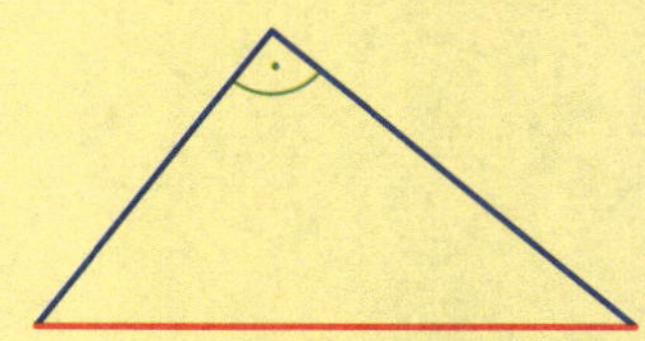

2. Markiere in jedem Dreieck den rechten Winkel grün, die Hypotenuse rot und die beiden Katheten blau.

a) 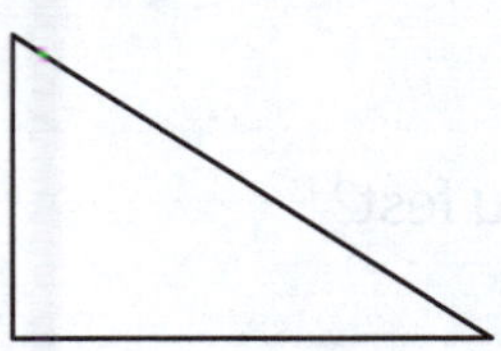

b) 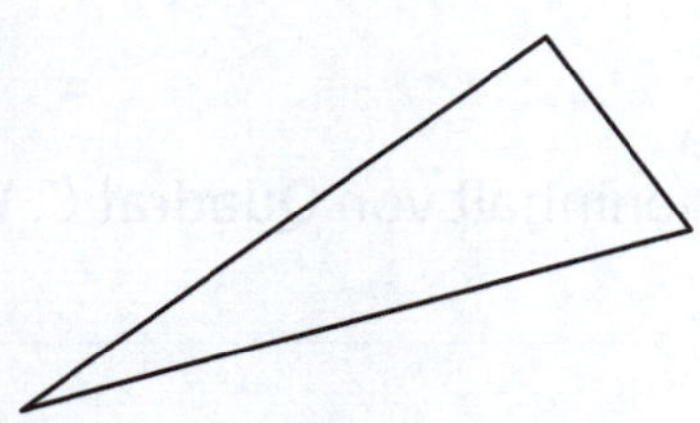

c) 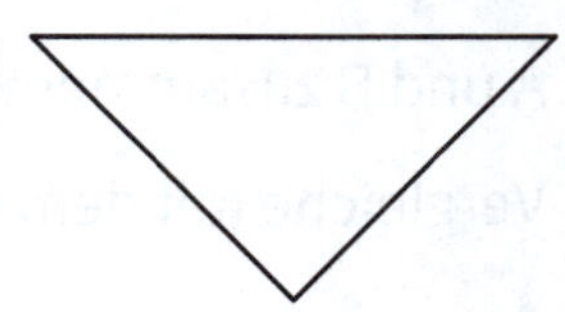

3. Benenne in jedem Dreieck die Hypotenuse und die beiden Katheten.

a) 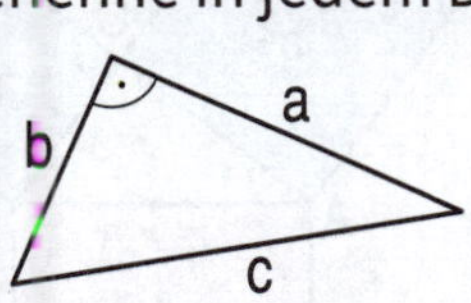

Hypotenuse: ______

Katheten: ______, ______

b) 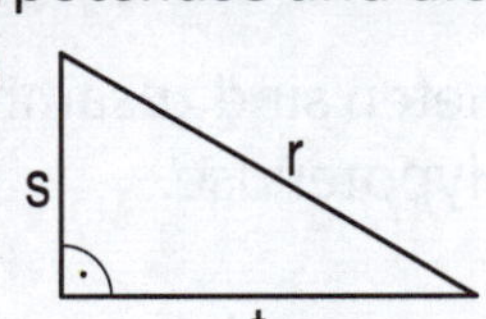

Hypotenuse: ______

Katheten: ______, ______

c) 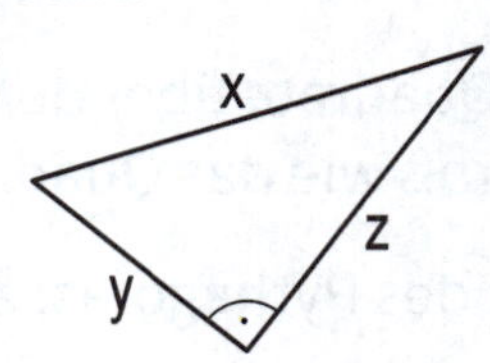

Hypotenuse: ______

Katheten: ______, ______

d) 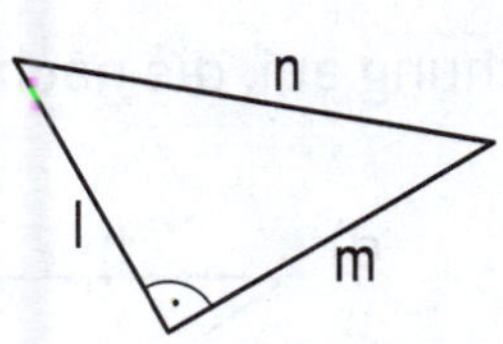

Hypotenuse: ______

Katheten: ______, ______

e) 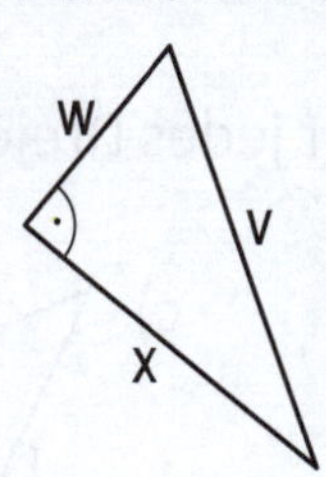

Hypotenuse: ______

Katheten: ______, ______

f) 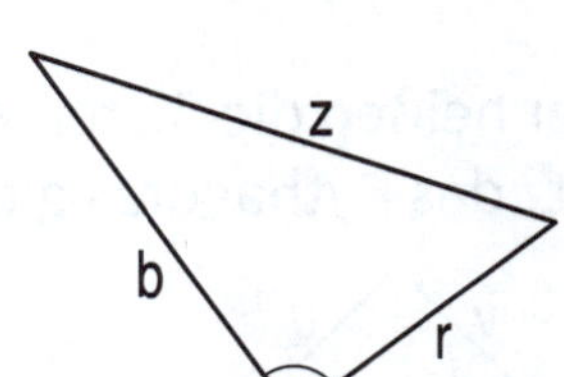

Hypotenuse: ______

Katheten: ______, ______

1. Über den drei Seiten des rechtwinkligen Dreiecks sind Quadrate gezeichnet.

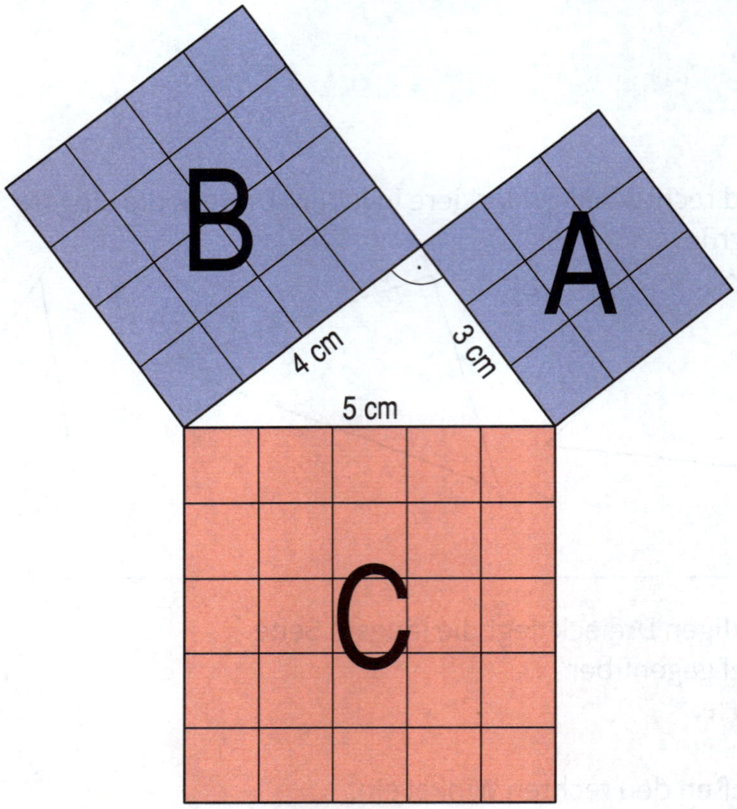

a) Gib für jedes Quadrat den Flächeninhalt an.

Quadrat A: ________________ Quadrat B: ____________ Quadrat C: ____________

b) Wie groß sind die Flächeninhalte von Quadrat A und Quadrat B zusammen?

A und B zusammen: ______________ + _______ = ____________

Vergleiche mit dem Flächeninhalt von Quadrat C. Was stellst du fest?

A: ____

Für jedes rechtwinklige Dreieck gilt:

Die Quadrate über den beiden Katheten sind zusammen so groß wie das Quadrat über der Hypotenuse.

Satz des Pythagoras: $a^2 + b^2 = c^2$

Beachte: Der Satz des Pythagoras gilt nur für rechtwinklige Dreiecke.

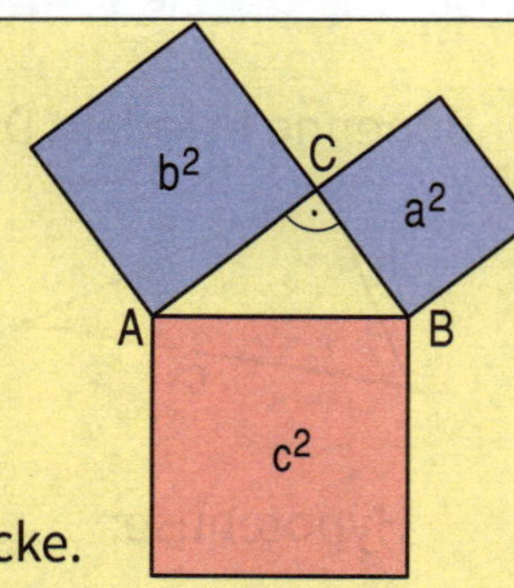

2. Hier heißen die Seiten anders. Schreibe für jedes Dreieck die Gleichung auf, die nach dem Satz des Pythagoras gilt.

a)
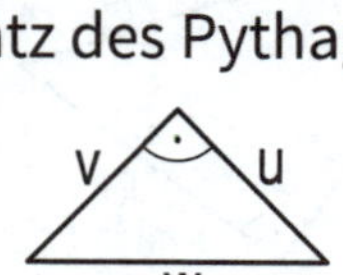

b)
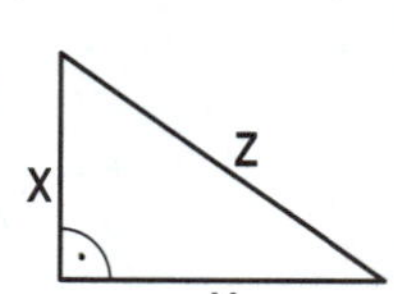

c)
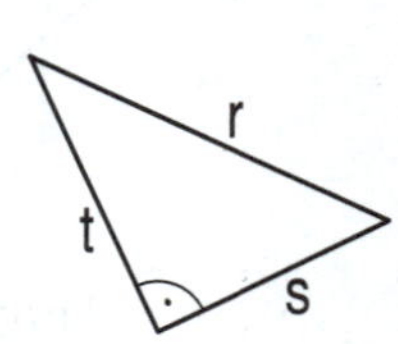

d)
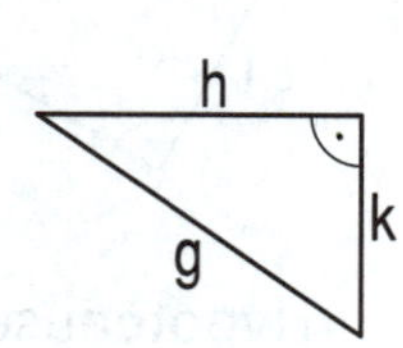

$u^2 +$ ____________ ____________ ____________ ____________

Berechnen der Hypotenuse

1. In einem rechtwinkligen Dreieck sind die beiden Katheten a und b gegeben.
Berechne die Länge der Hypotenuse c mit dem Satz des Pythagoras $a^2 + b^2 = c^2$.

a)

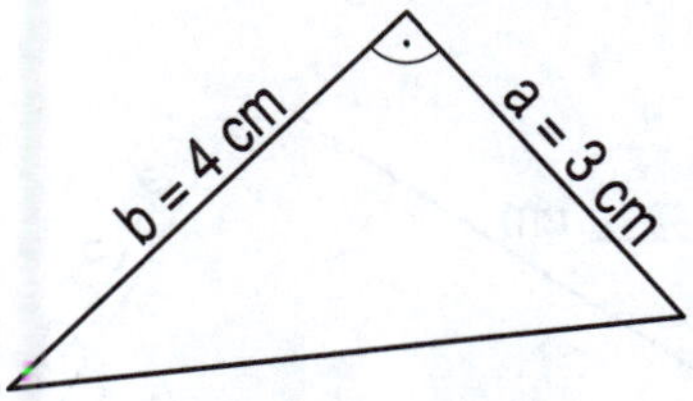

c = ______ cm

b)

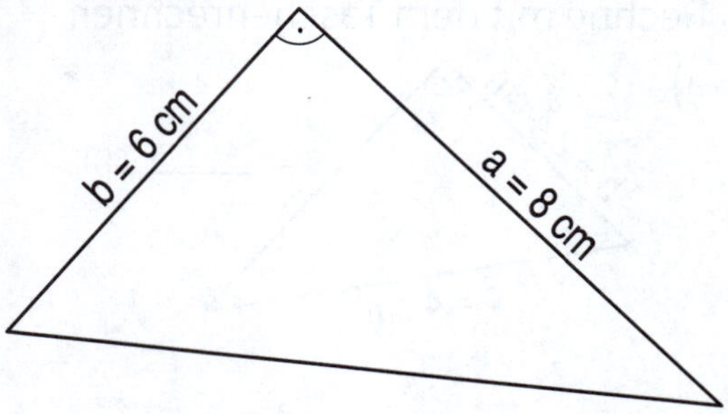

c = ______ cm

a)

$a^2 + b^2 = c^2$

$c^2 = a^2 + b^2$

c^2 berechnen: $c^2 = 3^2 + 4^2$

$c^2 = 9 + 16$

$c^2 = 25$

Wurzel ziehen: $c = \sqrt{25}$

c = ________ cm

b)

$a^2 + b^2 = c^2$

c^2 = ________

c^2 = ________ + ________

c^2 = ________ + ________

c^2 = ________

c = ________

c = ________ cm

2. Berechne die Hypotenuse c im rechtwinkligen Dreieck. Rechne mit dem Taschenrechner.

a) a = 5 cm, b = 12 cm

____

____

c^2 = ________________

c^2 = ________________

c^2 = ________________

c = ________________

c = ________________ cm

b) a = 1,6 cm, b = 1,2 cm

____

____

____

____

c^2 = ________________

c = ________________

c = ________________ cm

3. Wie lang ist die Auffahrt der Laderampe? Rechne mit dem Taschenrechner.

A: ____

Berechnen einer Kathete

1. In einem rechtwinkligen Dreieck sind eine Kathete und die Hypotenuse c gegeben. Berechne die Länge der anderen Kathete mit dem Satz des Pythagoras $a^2 + b^2 = c^2$. Rechne mit dem Taschenrechner.

a)

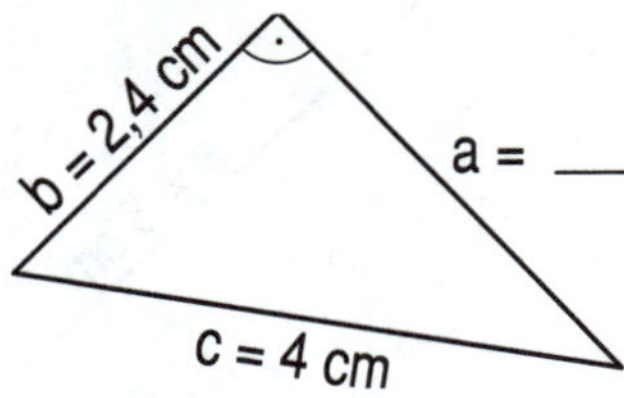

$a^2 + b^2 = c^2$

a^2 berechnen: $a^2 + 2{,}4^2 = 4^2$

$a^2 + 5{,}76 = 16 \quad | - 5{,}76$

$a^2 = 16 - 5{,}76$

$a^2 = 10{,}24$

Wurzel ziehen: $a = \sqrt{10{,}24}$

a = ________ cm

b)

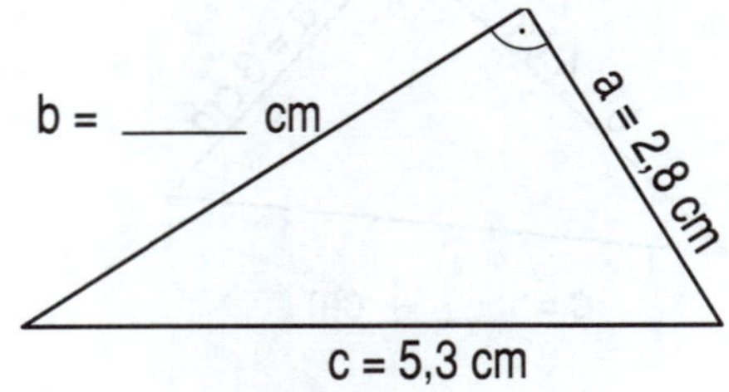

$a^2 + b^2 = c^2$

________ $+ b^2 =$ ________

________ $+ b^2 =$ ________ $| -$ ________

$b^2 =$ ________ $-$ ________

$b^2 =$ ________

$b =$ ________

b = ________ cm

2. Die Hypotenuse c und eine Kathete eines rechtwinkligen Dreiecks sind gegeben. Berechne die fehlende Kathete. Rechne mit dem Taschenrechner.

a) b = 4 cm, c = 5,8 cm

____

____

$a^2 +$ ________________ $| -$ ________

____

$a^2 =$ ________________

a = ________________

a = ________________ cm

b) a = 2,8 cm, c = 5,3 cm

____

____

____

____

$b^2 =$ ________________

b = ________________

b = ________________ cm

3. Wie hoch ist der Giebel? Rechne mit dem Taschenrechner.

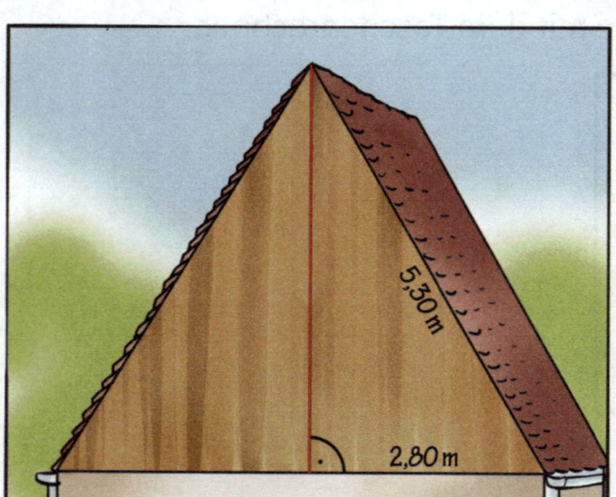

A: ____

Berechnen von Hypotenuse und Katheten

1. Berechne die fehlende Seite im rechtwinkligen Dreieck. Runde dein Ergebnis auf zwei Stellen nach dem Komma.

a)

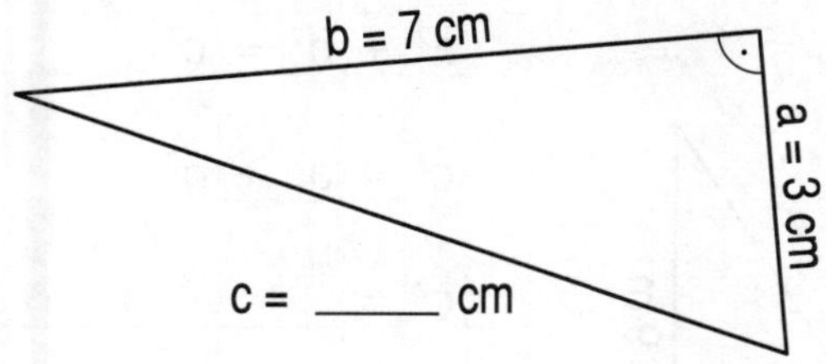

b)

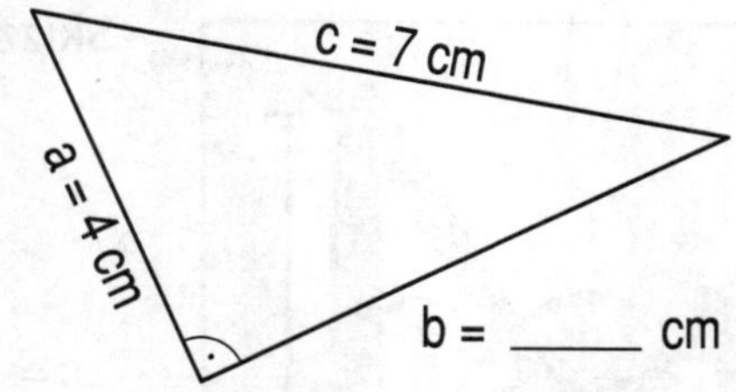

2. Die Diagonale zerlegt das Rechteck in zwei rechtwinklige Dreiecke. Berechne die Länge der Diagonalen mit dem Satz des Pythagoras $a^2 + b^2 = c^2$.

a)

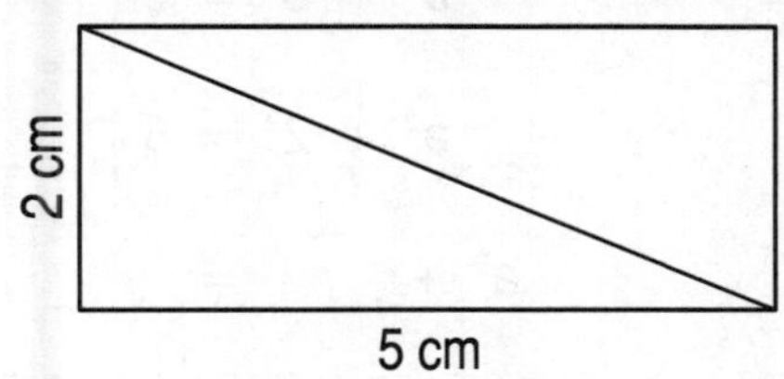

Länge der Diagonalen: ______ cm

b)

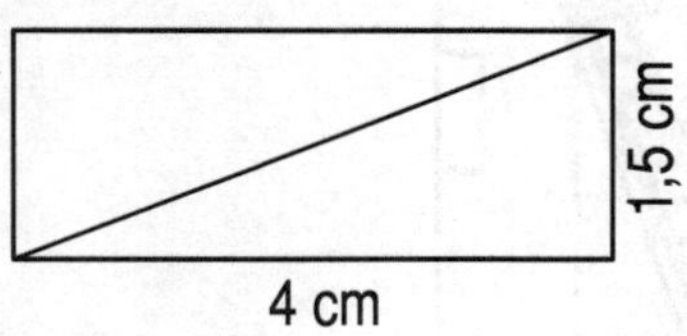

Länge der Diagonalen: ______ cm

3. Berechne die fehlende Seitenlänge des Rechtecks.

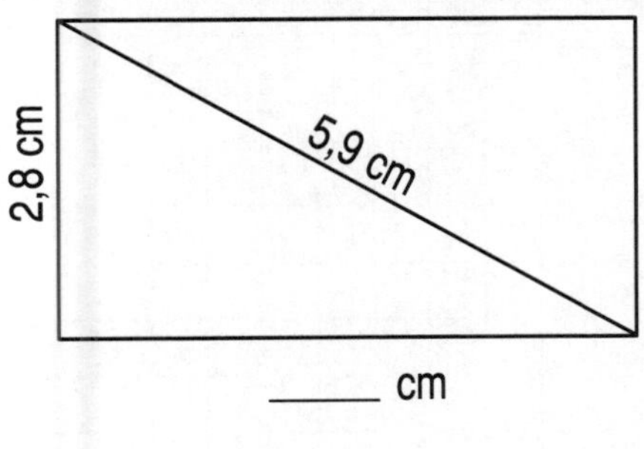

Sachaufgaben

1. Ein Baum ist bei einem Sturm in 9 m Höhe abgeknickt. Seine Spitze berührt den Boden 6 m vom Stamm entfernt. Wie lang ist die abgeknickte Spitze? Runde.

Skizze:

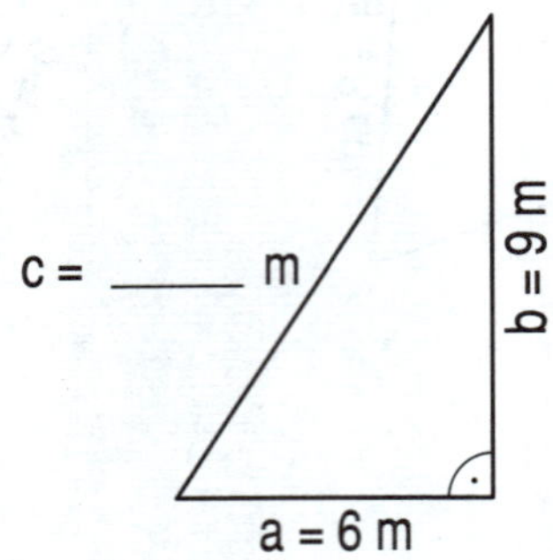

$a^2 + b^2 = c^2$

$c^2 = a^2 + b^2$

$c^2 = \_\_\_^2 + \_\_\_^2$

$c^2 = \_\_\_$

$c^2 = \_\_\_$

$c = \sqrt{\_\_\_}$

$c = \_\_\_$ m

A: ______________________________

2. Eine Leiter ist 6 m lang. Sie steht 2 m von der Wand entfernt auf dem Boden. In welcher Höhe berührt sie die Wand?

Skizze:

$a^2 + b^2 = c^2$

$a^2 + 2^2 = 6^2$

$a^2 + \_\_\_ = \_\_\_ \quad | - \_\_\_$

$a^2 = \_\_\_ - \_\_\_$

$a^2 = \_\_\_$

$a = \sqrt{\_\_\_}$

$a = \_\_\_$ m

A: ______________________________

3. Über die Treppe soll eine Rampe gelegt werden. Wie lang muss die Rampe sein?

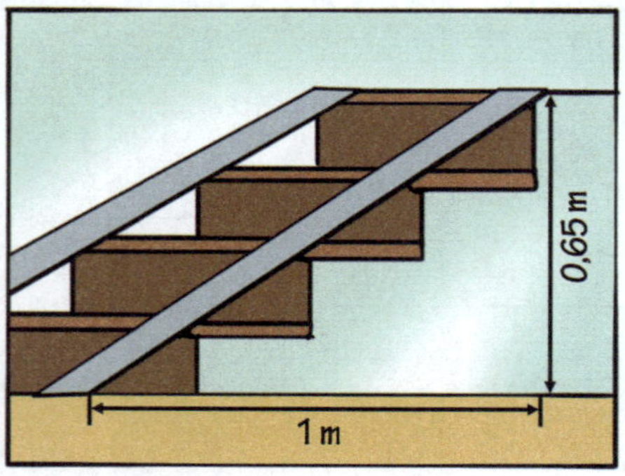

Skizze:

A: ______________________________

____

Sachaufgaben

1. Hakan und Tina laufen quer über den Sportplatz. Wie lang ist ihr Weg?

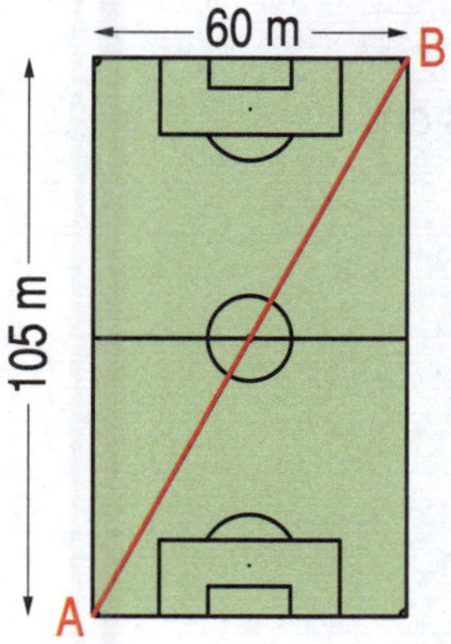

Skizze:

A: ______________________________

2. Der Bildschirm ist 39 cm hoch. Die Diagonale ist 78 cm lang. Wie breit ist der Bildschirm?

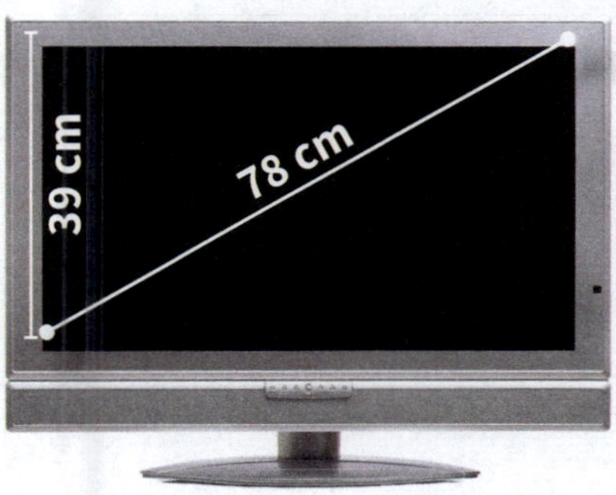

Skizze:

A: ______________________________

3. Ein Funkmast wird in 46 m Höhe von Spannseilen gehalten. Die Seile sind 10 m vom Fuß des Mastes am Boden befestigt. Wie lang sind die Seile?

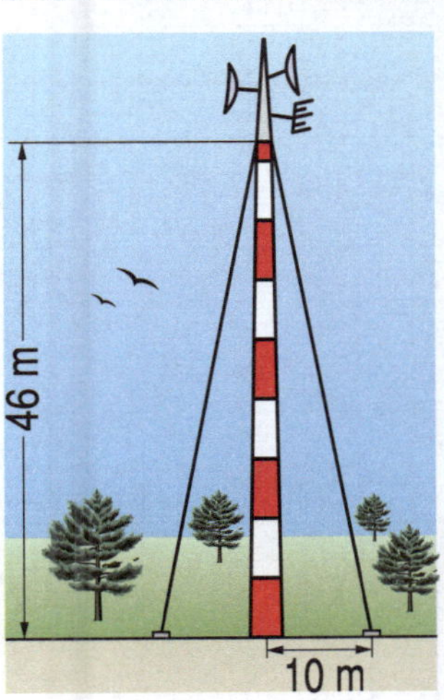

Skizze:

A: ______________________________

Vermischte Übungen

1. In einem rechtwinkligen Dreieck sind die Katheten a und b gegeben. Berechne die Länge der Hypotenuse c. Rechne mit dem Taschenrechner. Runde.

a) $a = 6\text{ cm}$, $b = 10\text{ cm}$

______

______

$c^2 =$ ______

______

$c^2 =$ ______

$c = \sqrt{}$ ______

$c =$ ______ cm

b) $a = 5{,}4\text{ cm}$, $b = 2{,}8\text{ cm}$

______

______

______

______

______

______

______ cm

2. In einem rechtwinkligen Dreieck sind eine Kathete und die Hypotenuse c gegeben. Berechne die fehlende Kathete. Rechne mit dem Taschenrechner. Runde.

a) $b = 3{,}5\text{ cm}$, $c = 4{,}7\text{ cm}$

______

______

$a^2 +$ ______ | –

______

$a^2 =$ ______

$a = \sqrt{}$ ______

$a =$ ______ cm

b) $a = 7{,}2\text{ cm}$, $c = 8{,}4\text{ cm}$

______

______

______

______

______

______

$a =$ ______ cm

3. Um die rechteckige Wiese verläuft ein Fußweg. Viele Fußgänger gehen aber auf dem Trampelpfad quer über die Wiese. Wie lang ist der Trampelpfad?

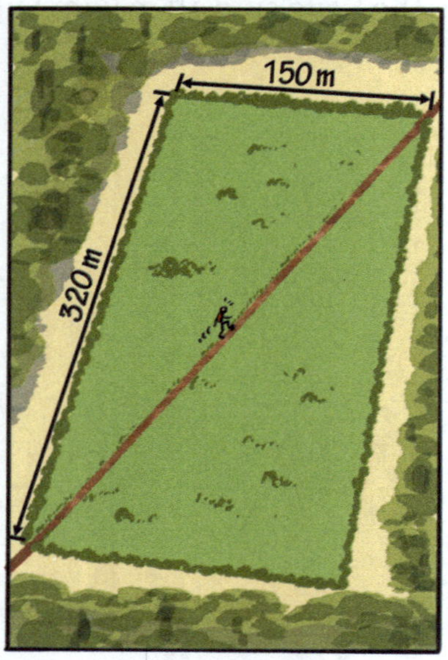

Skizze:

A: ______

6 Körper berechnen

1. Welche Körper sind abgebildet? Notiere.

Kugel	Prisma	Zylinder	Pyramide	Kegel

a) 

____

b) 

____

c) 

____

d) 

____

e) 

____

f) 

____

2. Welcher Körper passt zur Beschreibung? Schreibe auf.

a) Der Körper hat keine Ecken und Kanten.

____

b) Der Körper hat 2 dreieckige und 3 viereckige Flächen.

____

c) Der Körper hat 2 Kanten und 3 Flächen.

____

3. Wie viele Flächen hat der Körper? Trage ein.

a) 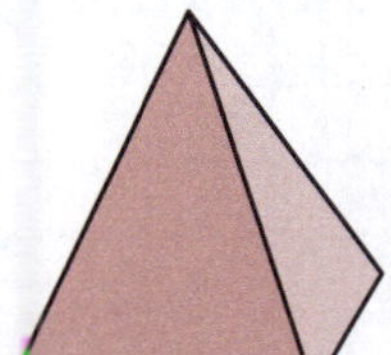

____ Flächen

b) 

____ Flächen

c) 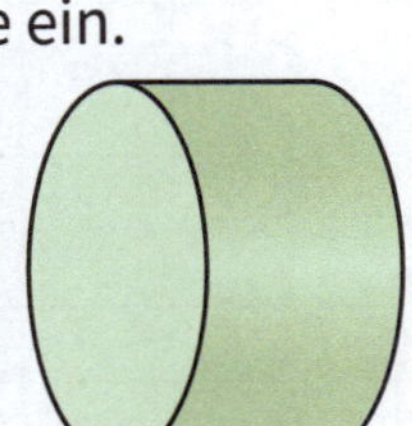

____ Flächen

d) 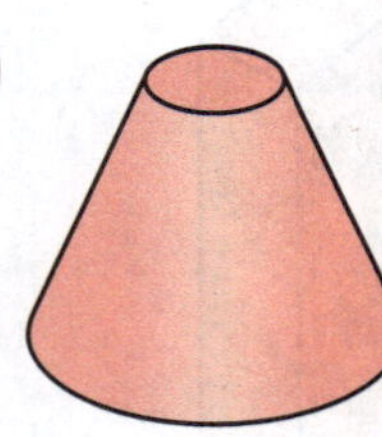

____ Flächen

e) 

____ Flächen

Volumen eines Prismas

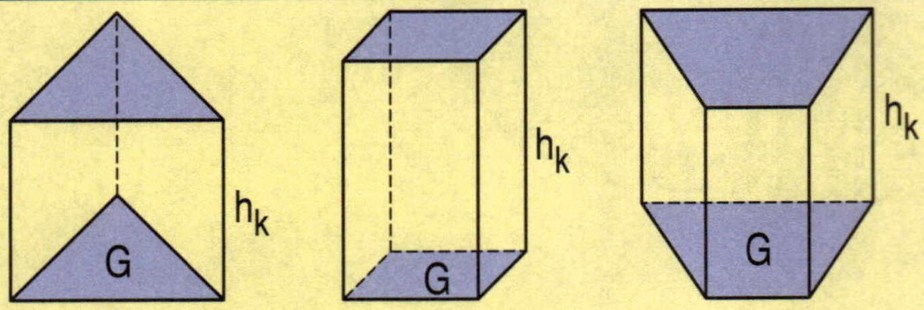

Volumen = Grundfläche · Körperhöhe
$= G \cdot h_k$

1. Berechne zuerst die Grundfläche und dann das Volumen des Prismas.

a)

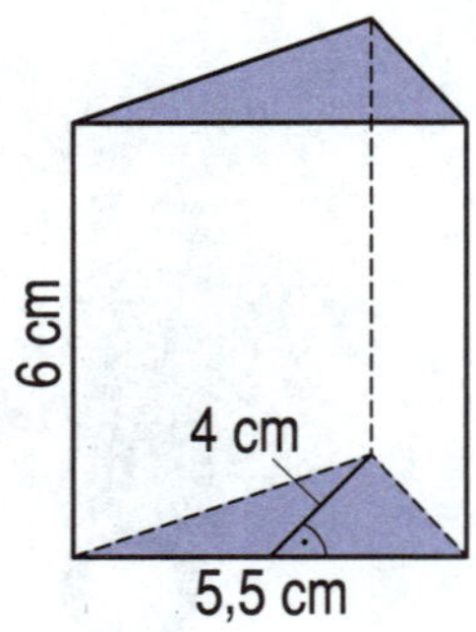

V = ______

V = ______

V = ______

$G = \frac{g \cdot h}{2}$

$G = \frac{5{,}5 \cdot 4}{2}$

G = ______ cm^2

b)

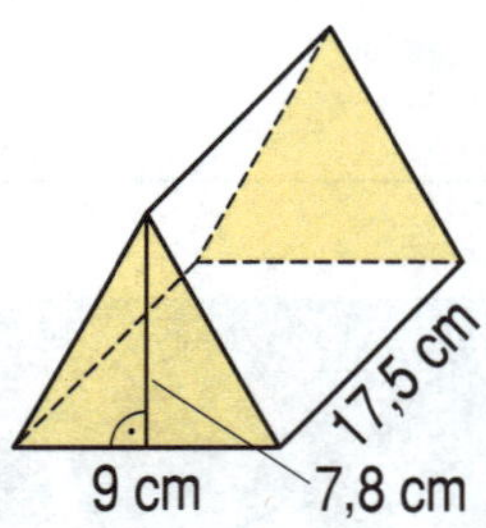

V = ______

V = ______

V = ______

2. Wie viel cm^3 Müsli passen in das Paket?

a)

A: ______

b)

Quader: Dreiecksprisma: Insgesamt:

A: ______

Oberflächeninhalt eines Prismas

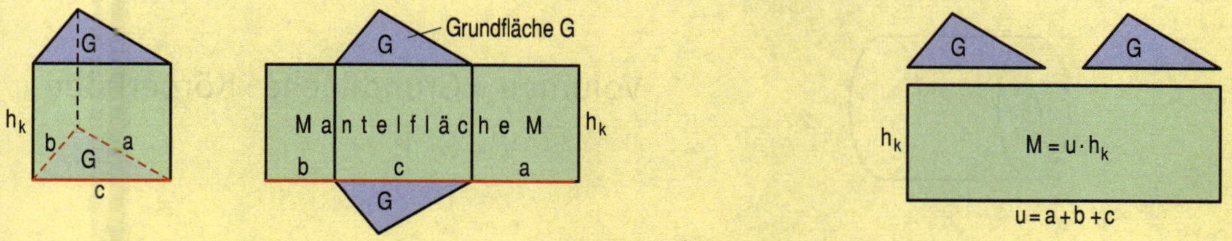

Oberfläche = 2 · Grundfläche + Mantelfläche $\qquad O = 2 \cdot G + M$

1. Berechne zuerst die Grundfläche und die Mantelfläche, dann die Oberfläche des Prismas.

a)

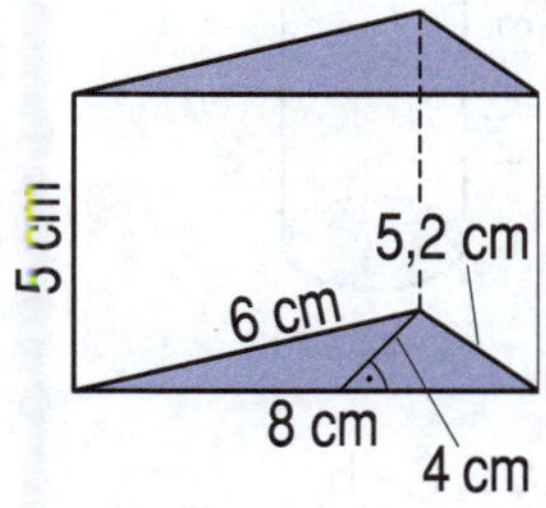

$O = 2 \cdot G + M$

O = ____________

O = ____________

$G = \frac{g \cdot h}{2}$ $\qquad M = u \cdot h_k$

$G = \frac{8 \cdot 4}{2}$ $\qquad M = 19{,}2 \cdot 5$

G = $\quad$ cm² $\qquad$ M = $\quad$ cm²

b)

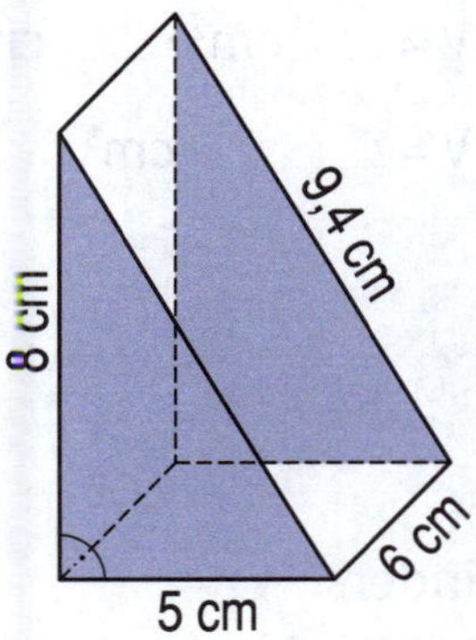

O = ____________

O = ____________

O = ____________

$G = \frac{g \cdot h}{2}$ $\qquad M = u \cdot h_k$

G = $\qquad$ M =

G = $\qquad$ M =

2. Wie viel cm² Pappe werden für die Verpackung mindestens benötigt?

a)

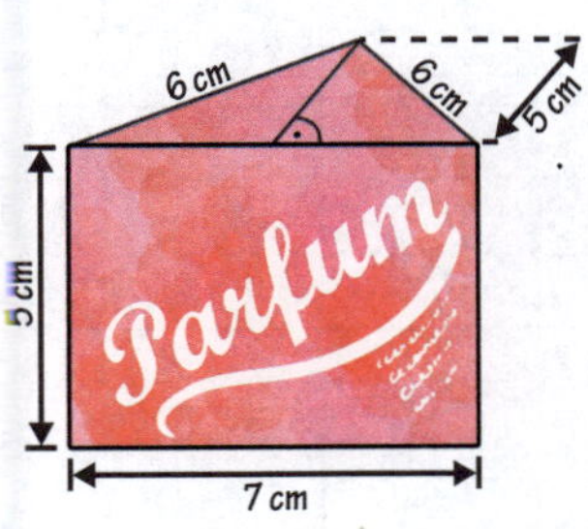

A: ____

b)

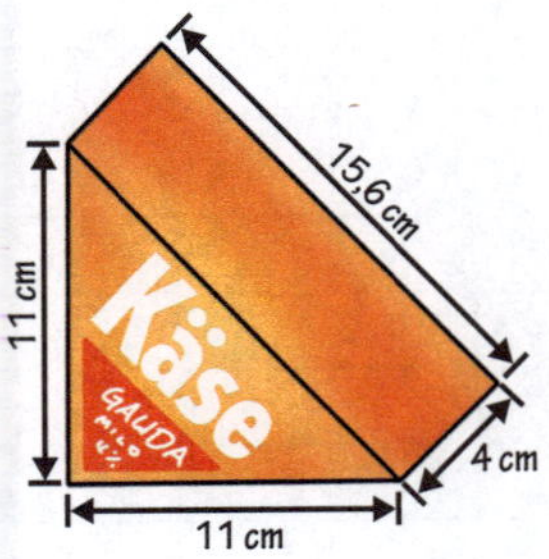

A: ____

Volumen eines Zylinders

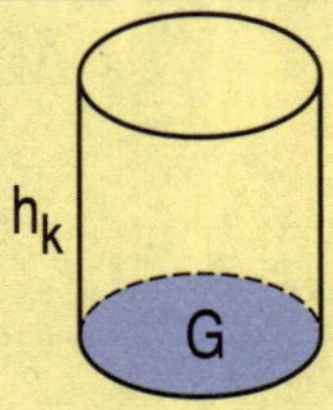

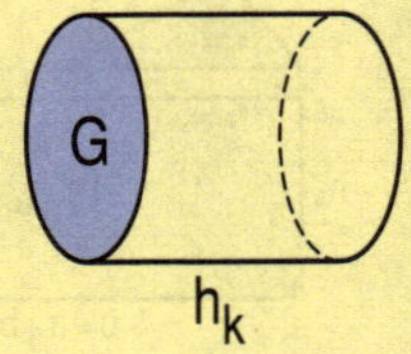

Volumen = Grundfläche · Körperhöhe

$V = G \cdot h_k$

1. Die Grundfläche ist gegeben. Berechne das Volumen des Zylinders.

a)

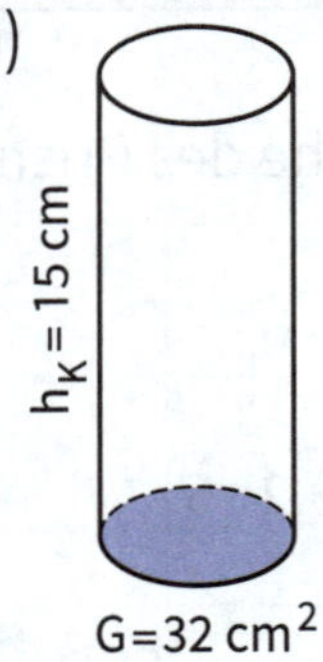

$V = G \cdot h_k$

$V =$ ____ $cm^2 \cdot$ ____ cm

$V =$ ______ cm^3

b)

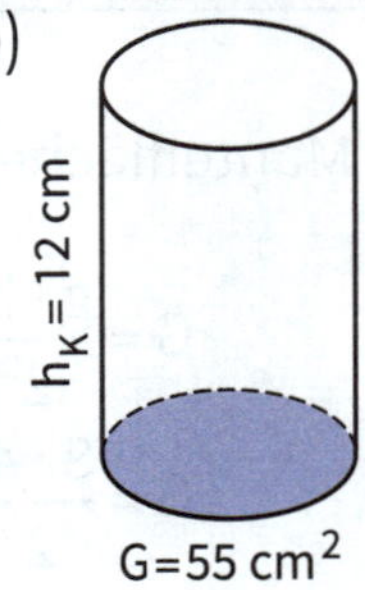

$V = G \cdot h_k$

$V =$ ____ $cm^2 \cdot$ ____ cm

$V =$ ______ cm^3

c)

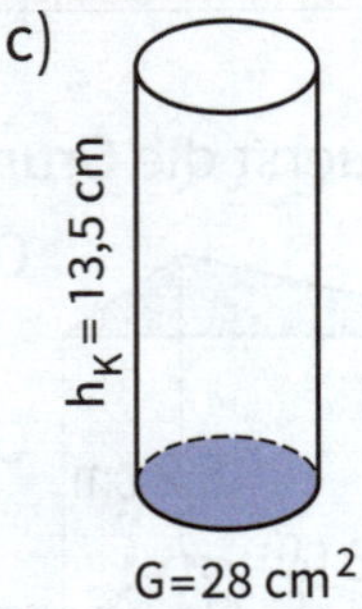

$V = G \cdot h_k$

$V =$ ____ $cm^2 \cdot$ ____ cm

$V =$ ______ cm^3

2. Berechne zuerst die Grundfläche und dann das Volumen des Zylinders.

a)

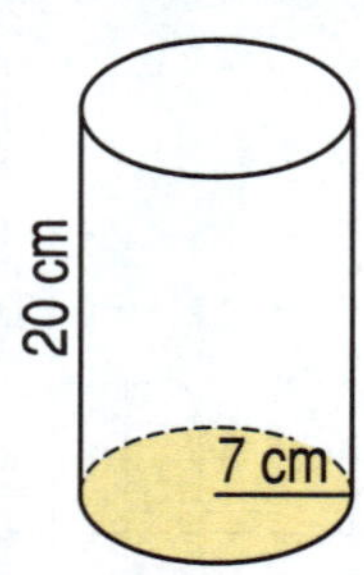

$V =$ ____________

$V =$ ____________

$V =$ ____________

$G = \pi \cdot r^2$

$G = 3{,}14 \cdot 7^2$

$G =$ cm^2

b)

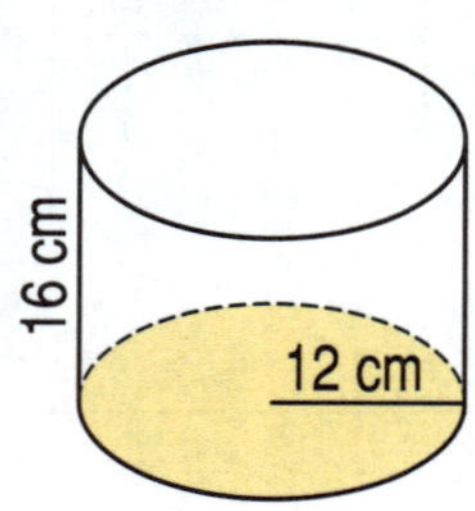

$V =$ ____________

$V =$ ____________

$V =$ ____________

$G =$

3. Wie viel m^3 Öl passen in den Tank?

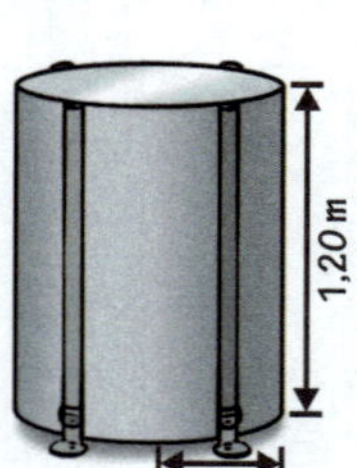

A: ____

Oberflächeninhalt eines Zylinders

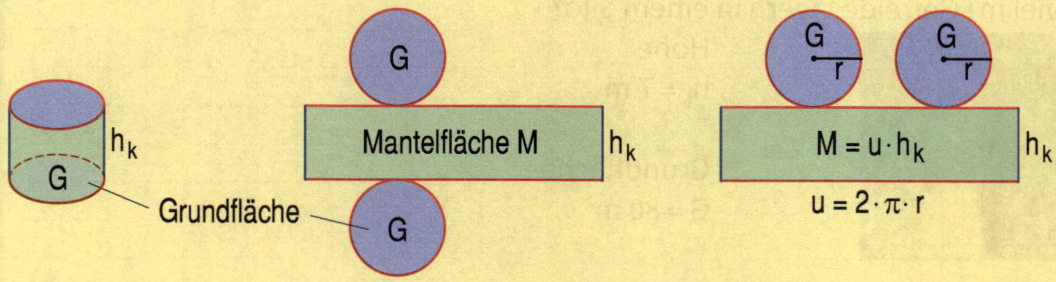

Oberfläche = 2 · Grundfläche + Mantelfläche $\qquad O = 2 \cdot G + M$

1. Berechne zuerst die Grundfläche und die Mantelfläche, dann die Oberfläche des Zylinders.

a)

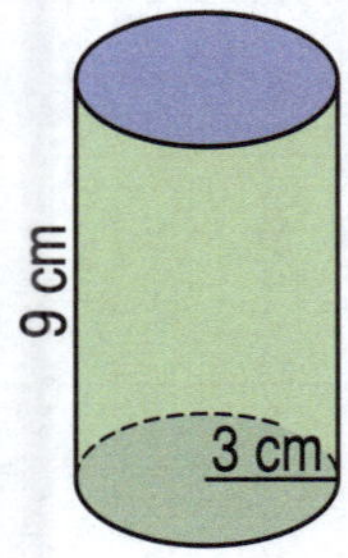

$O = 2 \cdot G + M$

O = ____________

O = ____________

$G = \pi \cdot r^2$ $\qquad M = u \cdot h_k$

G = $\qquad M = 2 \cdot \pi \cdot 3 \cdot 9$

G = $\qquad$ cm² $\qquad$ M = $\qquad$ cm²

b)

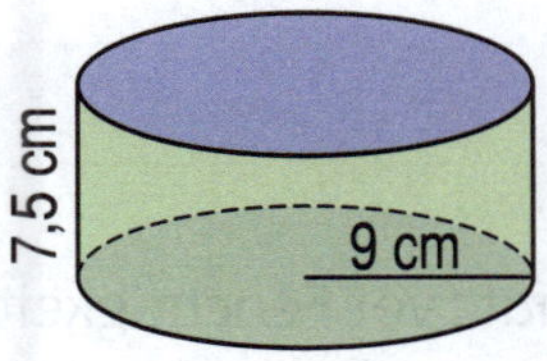

O = ____________

O = ____________

O = ____________

G = $\qquad$ M =

G = $\qquad$ M =

G = $\qquad$ M =

c)

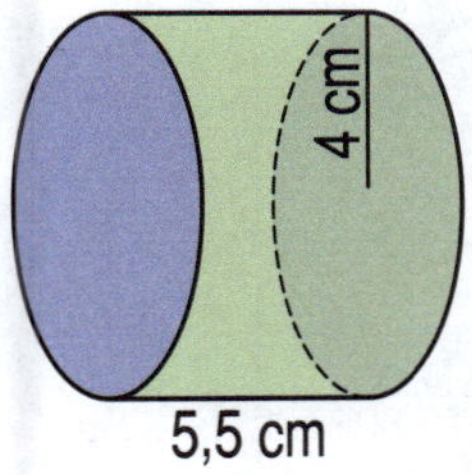

O = ____________

O = ____________

O = ____________

G = $\qquad$ M =

2. Wie viel cm² Blech werden für die Herstellung der Dose benötigt?

A: ____

Volumen und Oberflächeninhalt eines Zylinders

1. Getreide wird in zylinderförmigen Silos gelagert. Ein Silo ist bis zum Rand gefüllt.
Wie viel m^3 Getreide lagern in einem Silo?

Höhe
$h_k = 7$ m

Grundfläche
$G = 80$ m²

A: ______________________________

2. Schmieröl für landwirtschaftliche Maschinen wird in Metallfässern verkauft.
Welches der beiden Fässer hat das größere Volumen?

A

Grundfläche:
1,15 m²
Höhe: 0,9 m

B

Grundfläche:
0,8 m²
Höhe: 1,25 m

A: ______________________________

3. Heuballen haben annähernd die Form eines Zylinders. Zum Schutz vor Feuchtigkeit werden sie in Folie eingeschweißt. Wie viel m² Folie werden für einen Heuballen benötigt?

Höhe
$h_k = 1{,}20$ m

Grundfläche
$G = 0{,}8$ m²

Radius
$r = 0{,}50$ m

A: ______________________________

4. Wie groß ist die Fläche der Plakatsäule, die beklebt werden kann?

Höhe:
$h_k = 3$ m

Radius:
$r = 0{,}60$ m

A: ______________________________

Volumen einer Pyramide

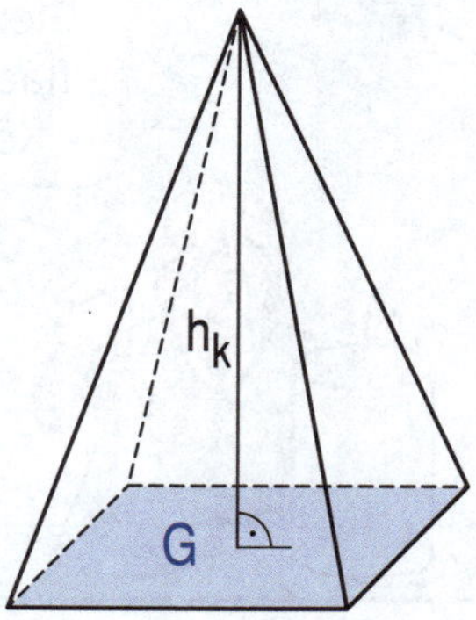

Volumen einer Pyramide = Grundfläche · Körperhöhe geteilt durch 3 $V = \frac{G \cdot h_k}{3}$

1. Die Grundfläche ist gegeben. Berechne das Volumen der Pyramide.

a) $G = 64\ cm^2$, $h_k = 10{,}5\ cm$

V = ____________

b) $G = 400\ cm^2$, $h_k = 25{,}5\ cm$

V = ____________

c) $G = 38{,}44\ cm^2$, $h_k = 18\ cm$

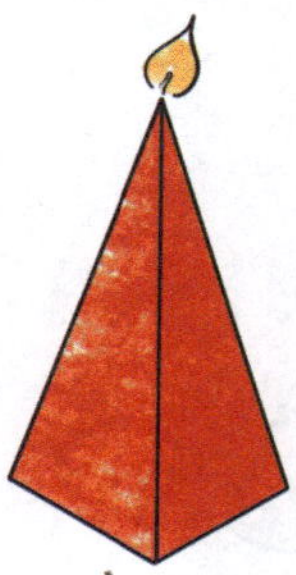

V = ____________

$V = \frac{G \cdot h_k}{3}$

$V = \frac{64 \cdot 10{,}5}{3}$

V = ____________

2. Berechne zuerst die Grundfläche und dann das Volumen der Pyramide.

a)

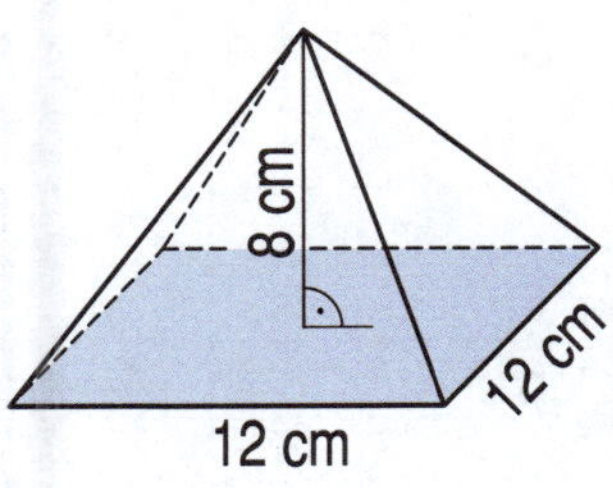

$V = \frac{G \cdot h_k}{3}$

V = ____________

V = ____________ cm^3

b)

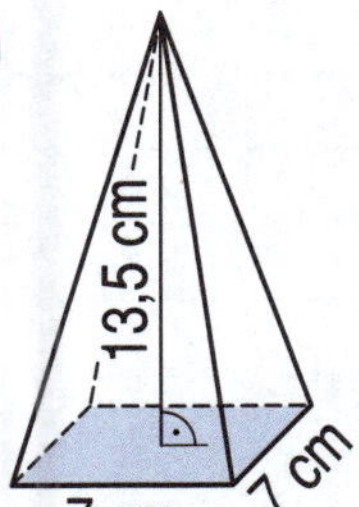

V = ____________

V = ____________

V = ____________

G = a · a

G = 12 · 12

G = ________ cm^2

Volumen eines Kegels

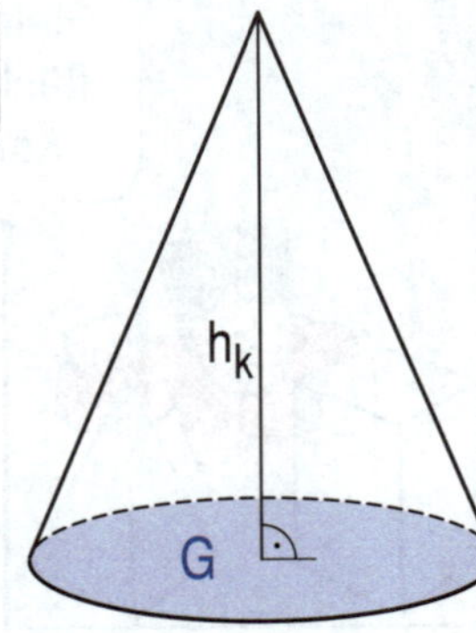

Volumen eines Kegels = Grundfläche · Körperhöhe geteilt durch 3 $V = \frac{G \cdot h_k}{3}$

1. Die Grundfläche ist gegeben. Berechne das Volumen des Kegels.

a) $G = 13\ cm^2$
$h_k = 6\ cm$

V = ______

b) $G = 530\ cm^2$
$h_k = 45{,}6\ cm$

V = ______

c) $G = 7{,}1\ cm^2$
$h_k = 4{,}5\ cm$

V = ______

$V = \frac{G \cdot h_k}{3}$

$V = \frac{13 \cdot 6}{3}$

V = ______

2. Berechne zuerst die Grundfläche und dann das Volumen des Kegels.

a)

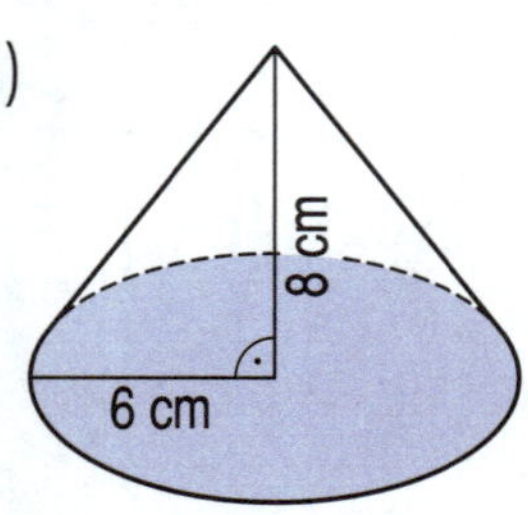

$V = \frac{G \cdot h_k}{3}$

V = ______

V = ______ cm^3

b)

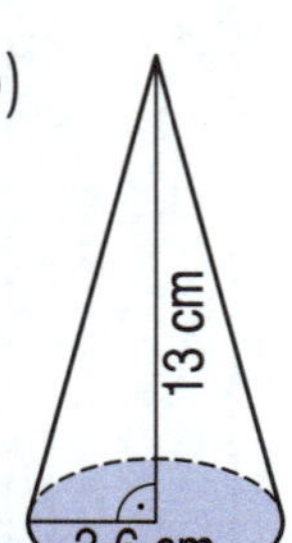

V = ______

V = ______

V = ______

$G = \pi \cdot r^2$

$G = 3{,}14 \cdot 6 \cdot 6$

G = ______ cm^2

Volumen einer Kugel

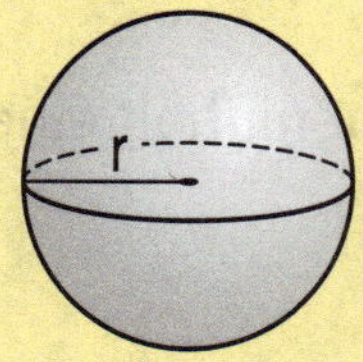

Volumen einer Kugel

$V = \frac{4}{3} \cdot \pi \cdot r^3$

$V = \frac{4 \cdot \pi \cdot r^3}{3}$

1. Berechne das Volumen der Kugel.

a)

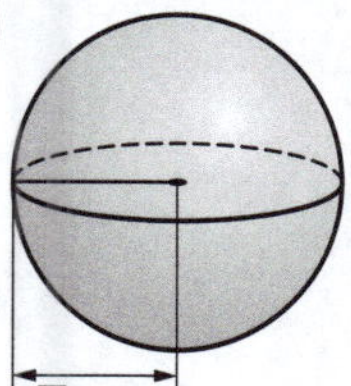

7 cm

V = ________ cm^3

b)

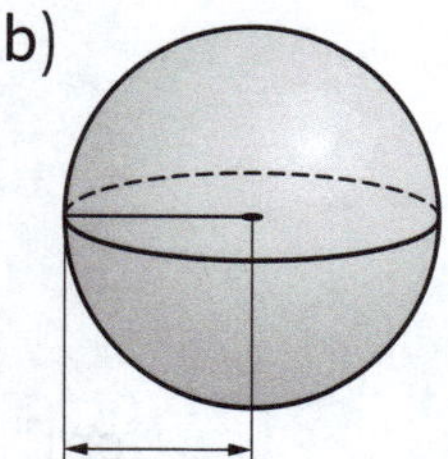

9 cm

V = ________

$V = \frac{4 \cdot \pi \cdot r^3}{3}$

$V = \frac{4 \cdot 3{,}14 \cdot 7 \cdot 7 \cdot 7}{3}$

V = ________ cm^3

2. Berechne zuerst den Radius und dann das Volumen der Kugel.

a)

Globus d = 30 cm

r = ________, V = ________

b)

Billard-Kugel d = 5,7 cm

r = ________, V = ________

3. Die Kugel passt genau in den Würfel. Berechne das Volumen des Würfels und das Volumen der Kugel.

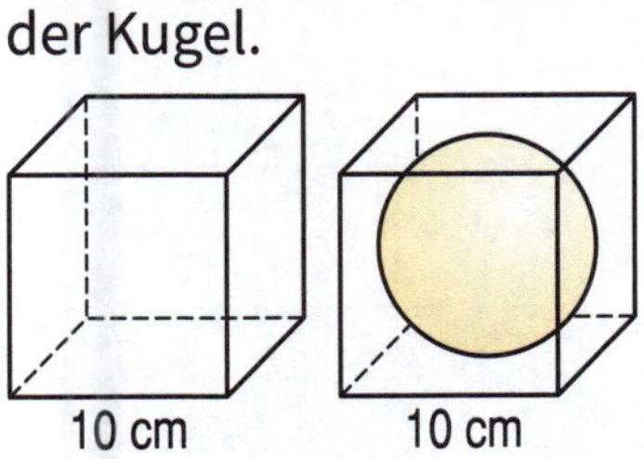

10 cm 10 cm

Würfel: V = ________ Kugel: V = ________

Oberflächeninhalt einer Kugel

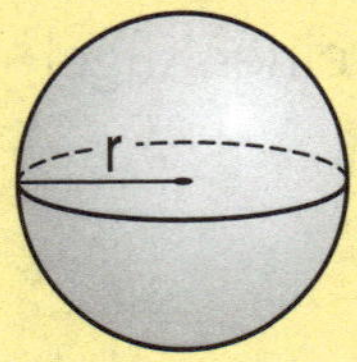

Oberflächeninhalt einer Kugel

$O = 4 \cdot \pi \cdot r^2$

1. Berechne den Oberflächeninhalt der Kugel.

a)

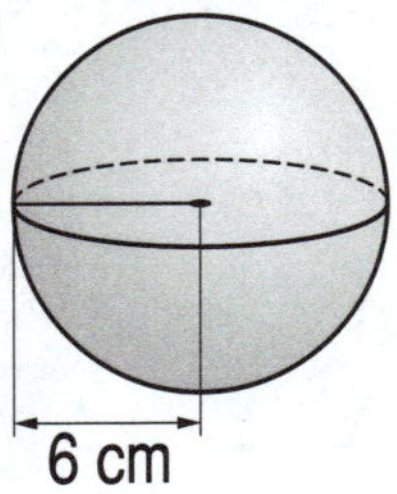

O = ________ cm^2

b)

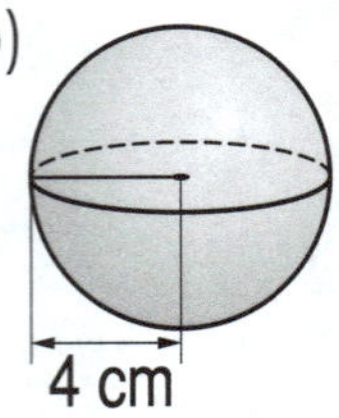

O = ________

$O = 4 \cdot \pi \cdot r^2$

$O = 4 \cdot 3{,}14 \cdot 6 \cdot 6$

O = ________ cm^2

2. Berechne zuerst den Radius und dann den Oberflächeninhalt des Balls.

a)

Fußball d = 22 cm

r = ________, O = ________

b)

Handball d = 19 cm

r = ________, O = ________

3. Die Kugel passt genau in den Würfel. Berechne den Oberflächeninhalt des Würfels und den Oberflächeninhalt der Kugel.

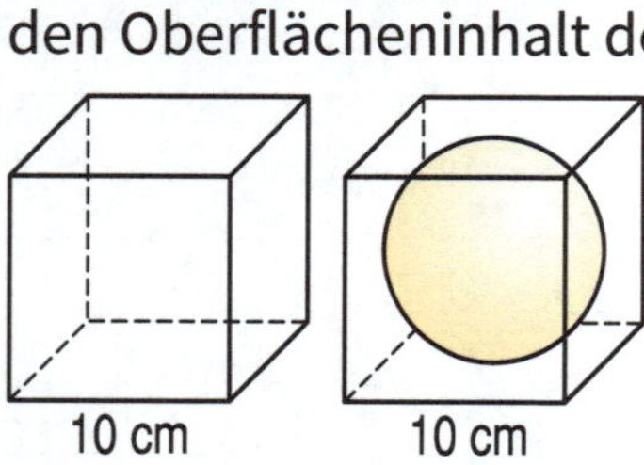

Würfel: O = ________ Kugel: O = ________

Schätzen und Berechnen

1. Eine Molkerei wirbt im Supermarkt mit einem großen Milchkarton.
Der Karton hat eine quadratische Grundfläche.
a) Schätze die Maße des Kartons. Orientiere dich an der Körpergröße des Mannes.
b) Bestimme des Volumen des Kartons.

geschätzte Körpergröße

des Mannes: ________ m

Maße des Kartons:

Höhe: ________ m

Länge: ________ m

Breite: ________ m

A: ____________________

2. Wie groß ist ungefähr die Fläche der Plakatsäule? Die Maße des Fahrrads helfen dir.

Höhe der Säule:

________ m

Radius der Säule:

________ m

A: ____________________

3. Schätze den Radius und die Höhe des Schwimmbeckens. Dann berechne, wie groß ungefähr das Volumen des Beckens ist.

Radius des Beckens:

________ m

Höhe des Beckens:

________ m

A: ____________________

4. Schätze den Radius und bestimme das Volumen des Balls.

Radius des Balls:

________ m

Volumen des Balls:

________ m

A: ____________________

Vermischte Übungen

1. Trage für jeden Körper den Namen und die Anzahl der Ecken, Kanten und Flächen ein.

	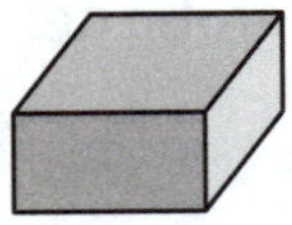	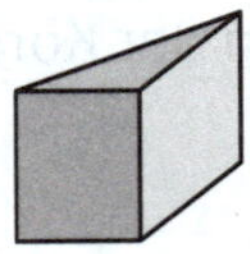	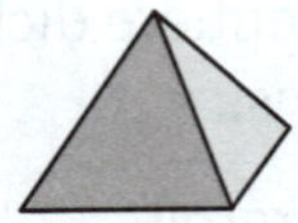	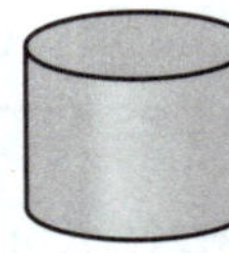	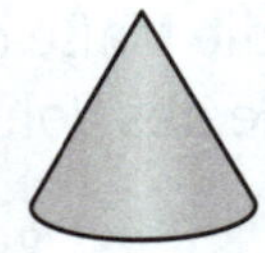	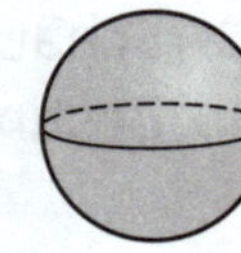
Name						
Ecken						
Kanten						
Flächen						

2. Berechne das Volumen.

a) 

$G = 32\ m^2$ $h_k = 3\ m$

V = ______________

b) 

$G = 42\ m^2$ $h_k = 9\ m$

V = ______________

c) 

$G = 16\ m^2$ $h_k = 5\ m$

V = ______________

3. Berechne das Volumen und den Oberflächeninhalt des Körpers.

Volumen: ______________ Oberflächeninhalt: ______________

4. Berechne das Volumen und den Oberflächeninhalt des Körpers.

(d = 58 cm)

Volumen: ______________ Oberflächeninhalt: ______________

7 Prozent- und Zinsrechnung

1. Beim Popkonzert der *Jungen Wilden* bekamen 75 % der Besucherinnen und Besucher einen Sitzplatz. Insgesamt kamen 1 400 Personen zum Konzert.
Wie viele Besucher bekamen einen Sitzplatz? Berechne den Prozentwert.

	%	Besucher	
	100	1 400	Grundwert
	1	14	
Prozentsatz	75		Prozentwert

2. Von den 250 Schülern der Uferschule besuchten 75 das Konzert der *Jungen Wilden*.
Wie viel Prozent der Schüler besuchten das Konzert? Berechne den Prozentsatz.

	Schüler	%	
Grundwert	250	100	
	1	0,4	
Prozentwert	75		Prozentsatz

3. Beim nächsten Konzert der *Jungen Wilden* waren 9 % der Besucher jünger als 16 Jahre. Das waren 108 Personen.
Wie viele Besucher hatte dieses Konzert? Berechne den Grundwert.

	%	Personen	
Prozentsatz	9	108	Prozentwert
	1		
	100		Grundwert

4. Vervollständige die Tabelle.

Grundwert	100 €	400 m		500 kg	300 €	800 €
Prozentsatz		30 %	10 %		20 %	
Prozentwert	20 €		50 m	50 kg		40 €

5. Für drei Konzerte der *Jungen Wilden* wurden 4 000 Eintrittskarten verkauft, davon 800 an Besucher unter 16 Jahren. Wie viel Prozent der Besucher waren jünger als 16 Jahre?

A: ______________________________

1. Was musst du berechnen: den Prozentwert, den Prozentsatz oder den Grundwert? Schreibe die Frage auf, dann rechne.

A

F: ______________________________

A: ______________________________

B

F: ______________________________

A: ______________________________

C

F: ______________________________

A: ______________________________

D

F: ______________________________

A: ______________________________

Vermehrter und verminderter Grundwert

1. Wie viel Euro sind für jedes Fahrrad zu zahlen?
Vervollständige die Rechnung und schreibe einen Antwortsatz.

A

Ein Fahrrad kostet mit Grundausstattung 480 €.
Mit Sonderausstattung kostet das Fahrrad 20 % mehr.

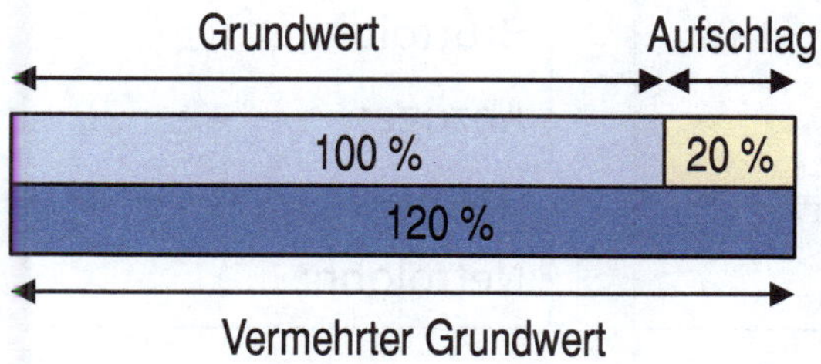

%	€
100	
1	
120	

A: ______________________

B

Im letzten Jahr kostete ein Fahrrad 560 €. In diesem Jahr gibt der Händler einen Nachlass von 20 %.

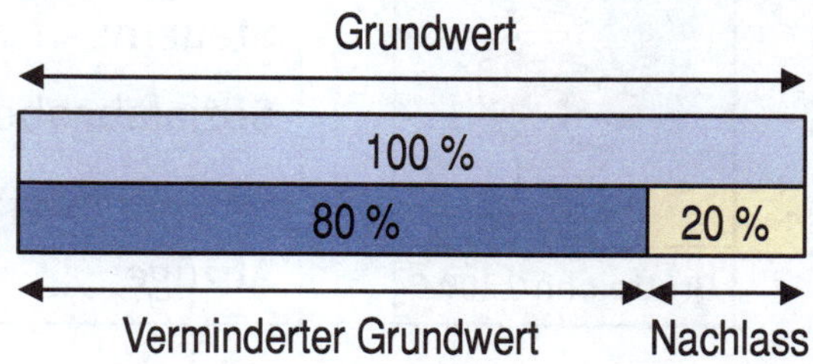

%	€
100	
1	
80	

A: ______________________

2. Berechne die Verkaufspreise.

A

Verkaufspreis: ______________

B

Verkaufspreis: ______________

Brutto – Netto

1. Herr Arp hat einen Bruttolohn von 2 200 €.
Davon werden 12 % Steuern und außerdem Sozialabgaben von 452 € abgezogen.
Was bleibt, wird als Nettolohn ausbezahlt.
a) Wie viel Euro betragen die Steuern?
b) Berechne die Abzüge.
c) Berechne den Nettolohn.

Steuern 12 %	
%	€
100	2 200
1	
12	

Bruttolohn 2 200 €

Steuern: ______
Sozialabgaben: + ______
Abzüge: ______

Bruttolohn: ______
Abzüge: – ______
Nettolohn: ______

2. Berechne zuerst die Steuern und die Sozialabgaben, dann den Nettolohn von Frau Keck.

Bruttolohn 2 500 €

Steuern: ______
Sozialabgaben: + ______
Abzüge: ______

Bruttolohn: ______
Abzüge: – ______
Nettolohn: ______

Steuern 14 %	
%	€
100	2 500
1	
14	

Sozialabgaben 21 %	
%	€
100	2 500
1	

3. Der Bruttolohn und der Betrag der Steuern sind angegeben.
Berechne den Prozentsatz der Steuern, die abgezogen werden.

a)

Bruttolohn 2 000 €
Steuern 160 €

€	%
2 000	100
1	0,05
160	

Prozentsatz der Steuern: ______

b)

Bruttolohn 2 500 €
Steuern 450 €

€	%

Prozentsatz der Steuern: ______

Rabatt – Skonto

1. Berechne die neuen Preise.

a)

Jeans	
%	€

Neuer Preis:

b)

Pullover	
%	€

Neuer Preis:

c)

Jacke	
%	€

Neuer Preis:

d)

Kleid	
%	€

Neuer Preis:

2. Berechne die Preise bei Barzahlung.

a)

Bett	
%	€

Preis bei Barzahlung:

b)

Jugendzimmer	
%	€

Preis bei Barzahlung:

Zinsrechnung

1. Berechne die Jahreszinsen. Der Zinssatz beträgt immer 3 %.

Kapital 500 €	
%	€

Kapital 1 200 €	
%	€

Kapital 2 300 €	
%	€

2. Berechne die Zinsen für ein Jahr und das Guthaben am Jahresende.

a) Guthaben 1 340 €

Zinssatz: 2 %

%	€

b) Guthaben 7 480 €

Zinssatz: 3 %

%	€

Zinsen für ein Jahr: ______ €

Guthaben am Jahresende: ______ €

Zinsen für ein Jahr: ______ €

Guthaben am Jahresende: ______ €

3. Wenn man bei einer Bank Geld leiht, muss man Zinsen zahlen.
Das geliehene Geld nennt man Kredit. Berechne die Zinsen für ein Jahr.

a) Kredit 1 450 €

Zinssatz: 8 %

%	€

b) Kredit 5 850 €

Zinssatz: 7 %

%	€

Zinsen für ein Jahr: ______ €

Zinsen für ein Jahr: ______ €

4. Herr Özkan leiht bei der Bank 5 000 € zum Zinssatz 9 %. Wie viel Euro Zinsen zahlt Herr Özkan in einem Jahr?

A: ______

5. Berechne die Jahreszinsen für ein Kapital von 6 000 €.

Zinssatz	1 %	2 %	3 %	5 %	7 %	9 %
Zinsen für ein Jahr						

Zinsrechnung

1. Frau Bittner hat 12 000 € geerbt. Sie legt das Geld zu einem Zinssatz von 2 % an. Nach 4 Monaten benötigt Frau Bittner das Geld für den Kauf eines Autos.
Wie viel Euro Zinsen bekommt sie in dieser Zeit?
Berechne zunächst die Jahreszinsen, dann berechne die Zinsen für 4 Monate

Jahreszinsen

%	€

Monatszinsen

Monate	€
12	
1	
4	

A: ______________________________

2. Berechne zunächst die Jahreszinsen, dann die Monatszinsen.

A

Kapital	24 000 €
Zinssatz	2 %
Zeit	5 Monate

B

Kredit	4 800
Zinssatz	8 %
Zeit	9 Monate

C

Kapital	18 600
Zinssatz	1,4 %
Zeit	7 Monate

A

Jahreszinsen

%	€

Monatszinsen

Monate	€
12	

Monatszinsen: ______________________________

B

Jahreszinsen

%	€

Monatszinsen

Monate	€

Monatszinsen: ______________________________

C

Jahreszinsen

%	€

Monatszinsen

Monate	€

Monatszinsen: ______________________________

Zinsrechnung am Computer

1. Erstelle das Rechenblatt in einem Tabellenkalkulationsprogramm auf deinem Computer.

	A	B	C
1	**Berechnung der Jahreszinsen**		
2			
3	Kapital	1.800 €	
4	Zinssatz	1,20%	
5	Zinsen		
6			
7	Guthaben am Jahresende		
8			

Hier trägst du die Formel zur Bestimmung der Jahreszinsen ein:
=B3*B4
und bestätigst mit Enter.

2. Welche Formel musst du zur Bestimmung des Guthabens am Jahresende in B7 eingeben? Kreuze an und ergänze am Computer.

☐ =B3+B4 ☐ =B3*B5 ☐ =B3+B5 ☐ =B4*B5

3. Verändere die Werte für Kapital und Zinssatz am Computer und ergänze die Tabellen im Arbeitsheft.

	A	B	C
1	**Berechnung der Jahreszinsen**		
2			
3	Kapital	2.700 €	
4	Zinssatz	1,50%	
5	Zinsen		
6			
7	Guthaben am Jahresende		
8			

	A	B	C
1	**Berechnung der Jahreszinsen**		
2			
3	Kapital	4.370 €	
4	Zinssatz	1,70%	
5	Zinsen		
6			
7	Guthaben am Jahresende		
8			

4. Die Anzahl der Dezimalstellen kann man am Computer einstellen.
Mit diesen Schaltflächen kannst du

,0 ,00 Dezimalstellen hinzufügen , (das Ergebnis wird genauer.)

,00 ,0 Dezimalstellen löschen, (das Ergebnis wird ungenauer.)

a) Übertrage das Rechenblatt und berechne auf 4 Dezimalstellen.

	A	B	C
1	**Berechnung der Jahreszinsen**		
2			
3	Kapital	5.373 €	
4	Zinssatz	1,90%	
5	Zinsen		
6			
7	Guthaben am Jahresende		
8			

b) Übertrage das Rechenblatt und berechne auf 1 Dezimalstelle.

	A	B	C
1	**Berechnung der Jahreszinsen**		
2			
3	Kapital	3.865 €	
4	Zinssatz	0,90%	
5	Zinsen		
6			
7	Guthaben am Jahresende		
8			

5. Für ein Kapital von 3 200 € erhält Bernd 48 € Jahreszinsen.
Welchem Zinssatz entspricht das? Kreuze an und überprüfe.

☐ 2 % ☐ 5 % ☐ 1,5 % ☐ 0,5 %

Zinsrechnung am Computer

1. Jessica bekommt bei ihrer Bank einen Zinssatz von 2,2 %.
Ihr Kapital beträgt 4 500 €.
Nach 8 Monaten braucht sie das Geld und hebt es mit Zinsen ab. Welche Formeln stehen in B7 und in B8? Ordne zu.

_______ =B6/12

_______ =B7*B5

	A	B
1	**Berechnung der Monatszinsen**	
2		
3	Kapital	4.800 €
4	Zinssatz	2,20%
5	Zeit in Monaten	8
6	Jahreszinsen	105,60 €
7	Monatszinsen	8,80 €
8	Zinsen für die Anlagezeit	70,40 €

2. a) Übertrage das Rechenblatt in ein Tabellenkalkulationsprogramm auf deinem Computer. Verwende die Formeln für die Zellen B6, B7 und B8.
b) Verändere die Werte für Kapital, Zinssatz und Zeit am Computer und ergänze die Tabellen im Arbeitsheft.

	A	B
1	**Berechnung der Monatszinsen**	
2		
3	Kapital	5.300 €
4	Zinssatz	1,80%
5	Zeit in Monaten	5
6	Jahreszinsen	
7	Monatszinsen	
8	Zinsen für die Anlagezeit	
9		

	A	B
1	**Berechnung der Monatszinsen**	
2		
3	Kapital	2.480 €
4	Zinssatz	1,70%
5	Zeit in Monaten	7
6	Jahreszinsen	
7	Monatszinsen	
8	Zinsen für die Anlagezeit	
9		

3. Frau Keller leiht bei der Bank 8 500 €.
Die Bank verlangt 8,4 % Zinsen.
Nach 10 Monaten zahlt sie den Kredit und die angefallenen Zinsen zurück.
a) Welche Formeln stehen in den Zellen B6, B7, B8 und B9? Ordne zu und übertrage die Tabelle auf deinen Computer.

	A	B
1	**Berechnung des Rückzahlungsbetrags**	
2		
3	Kredit	8.500 €
4	Zinssatz	8,40%
5	Zeit in Monaten	10
6	Jahreszinsen	714,00 €
7	Monatszinsen	59,50 €
8	Kreditzinsen	595,00 €
9	Rückzahlungsbetrag	9.095,00 €
10		

B6	B7	B8	B9
=B7*B5	=B3+B8	=B3*B4	=B6/12

b) Nach wie viel Monaten müsste Frau Keller den Kredit spätestens zurückzahlen, damit der Rückzahlungsbetrag unter 9 000 € bleibt? Du kannst es durch Probieren am Computer herausfinden.

A: ______________________________

Vermischte Übungen

1. Berechne immer den Prozentwert.

a) 24 % von 3 250 Autos

________________ Autos

b) 55 % von 5 720 Personen

________________ Personen

2. Berechne die Verkaufspreise.

a)

Verkaufspreis: ________________

b)

Verkaufspreis: ________________

3. Kreuze die richtige Aussage an.

Brutto ist immer mehr als Netto.	☐
Brutto ist immer weniger als Netto.	☐

4. 5 750 € werden 9 Monate lang mit einem Zinssatz von 1,2 % verzinst.
Berechne die Monatszinsen.

Jahreszinsen	
%	€

Monatszinsen	
Monate	€

8 Statistische Erhebungen

1. Die Insel Sylt ist Deutschlands nördlichste Insel. Die Zugspitze ist Deutschlands höchster Berg. In der Tabelle steht, wie viele Stunden im Jahr 2015 in den Monaten Mai bis September dort die Sonne schien. Die Zahlen sind auf Zehner gerundet.

	Mai	Juni	Juli	August	September	Durchschnitt
Sylt	190 h	220 h	210 h	210 h	150 h	
Zugspitze	130 h	170 h	220 h	200 h	160 h	

a) Berechne jeweils den Durchschnitt (arithmetisches Mittel). Trage ihn in die Tabelle ein.

b) Die Werte für Sylt wurden in einer Rangliste der Größe nach geordnet. Die Spannweite ist die Differenz zwischen dem größten und dem kleinsten Wert. Der mittlere Wert in der Rangliste ist der Median. Gib den Median und die Spannweite für Sylt an.

Sylt — Rangliste: 150 190 210 210 220

Spannweite: 220 – 150 = ______ ↑ Median: ______

c) Bestimme ebenso Median und Spannweite für die Zugspitze.

Zugspitze — Rangliste: ______ ______ ______ ______ ______

Spannweite: ______ – ______ = ______ Median: ______

2. Für eine gerade Anzahl von Werten ist der Median der Mittelwert der beiden Werte in der Mitte der Rangliste. Im Beispiel wurde eine Rangliste für Temperaturen erstellt. Berechne den Median.

Rangliste:
13° 17° 18° 22° 24° 25°
↑
Median = (18 + 22) : 2 = ______

3. So viele Stunden schien in Leipzig 2016 in den ersten sechs Monaten die Sonne.

Januar	Februar	März	April	Mai	Juni	Durchschnitt
60 h	70 h	100 h	180 h	260 h	250 h	

a) Bestimme den Durchschnitt. Trage ihn in die Tabelle ein.

b) Ordne alle 6 Werte zu einer Rangliste.
Dann bestimme den Median und die Spannweite.

______ ______ ______ ______ ______ ______

Median: ______ Spannweite: ______

Durchschnitt, Median und Spannweite

1. In der Tabelle stehen die Höchsttemperaturen, die am 1. 7. 2016 an verschiedenen Stellen in Baden-Württemberg und Mecklenburg-Vorpommern gemessen wurden.

	Freudenstadt	Karlsruhe	Konstanz	Lahr	Stuttgart	Durchschnitt
Baden-Württemberg	22,3°C	26,9°C	27,6°C	27,8°C	26,4°C	

	Arkona	Greifswald	Marnitz	Rostock	Schwerin	Durchschnitt
Mecklenburg-Vorpommern	25,1°C	26,4°C	24,9°C	24,5°C	23,4°C	

a) Berechne den Durchschnitt der Temperaturen für jedes der beiden Bundesländer. Trage ihn in die Tabelle ein.

b) Ordne jeweils die Werte der Größe nach zu einer Rangliste. Beginne mit dem kleinsten Wert. Bestimme für jedes Bundesland den Median und die Spannweite.

Baden-Württemberg
Rangliste: ____ ____ ____ ____ ____
Spannweite: ______________ = ______ Median: ______

Mecklenburg-Vorpommern
Rangliste: ____ ____ ____ ____ ____
Spannweite: ______________ = ______ Median: ______

c) Für welches der beiden Bundesländer ist die Spannweite der Temperaturen größer?

A: ________________________________

2. In der Tabelle stehen die Höchsttemperaturen, die an den ersten sechs Tagen des Monats Juli 2016 am Flughafen München gemessen wurden.

1. 7.	2. 7.	3. 7.	4. 7.	5. 7.	6. 7.	Durchschnitt
27,3°C	24,2°C	19,9°C	23,2°C	26,5°C	21,7°C	

a) Bestimme den Durchschnitt. Trage ihn in die Tabelle ein.

b) Ordne die Werte der Größe nach zu einer Rangliste. Bestimme Median und Spannweite.

Rangliste: ____ ____ ____ ____ ____ ____

Spannweite: ______________ = ______ Median: ______

Daten mit einer Tabellenkalkulation auswerten

1. Den Durchschnitt und den Median kannst du schnell mit dem Computer berechnen. Auf dem Rechenblatt ist eingetragen, wie viele Stunden in den Monaten des Jahres 2015 in Konstanz die Sonne schien.

	A	B	C	D	E	F	G	H	I	J	K	L
1	**Sonnenscheinstunden in Konstanz im Jahr 2015**											
2	Jan	Feb	Mär	Apr	Mai	Jun	Jul	Aug	Sep	Okt	Nov	Dez
3	42	62	171	233	170	227	297	263	164	84	90	55
4												
5	Durchschnitt						Median					

a) Übertrage das Rechenblatt auf deinen Computer.
b) Für die Zahlen in den Zellen A3 bis L3 soll der Durchschnitt (arithmetisches Mittel) berechnet werden. Das Ergebnis soll in Zelle B5 stehen. Gib dazu den Befehl =Mittelwert(A3:L3) in die Zelle B5 ein. Bestätige mit ↵.
c) Für die Zahlen in den Zellen A3 bis L3 soll der Median berechnet werden. Das Ergebnis soll in Zelle H5 stehen. Gib dazu den Befehl =Median(A3:L3) in die Zelle H5 ein. Bestätige mit ↵.
d) Übertrage Durchschnitt und Median vom Rechenblatt des Computers in die Tabelle oben.

2.

	A	B	C	D	E	F	G	H	I	J	K	L
1	**Sonnenscheinstunden auf Fehmarn im Jahr 2015**											
2	Jan	Feb	Mär	Apr	Mai	Jun	Jul	Aug	Sep	Okt	Nov	Dez
3	40	72	141	250	219	243	241	248	185	106	47	33
4												
5	Durchschnitt						Median					

a) Übertrage das Rechenblatt auf deinen Computer.
b) Berechne mit dem Computer Durchschnitt und Median. Übertrage sie in diese Tabelle.

3. Diagramme kannst du mit dem Computer erstellen oder auf Karopapier in dein Heft zeichnen.
a) Erstelle ein Säulendiagramm zu den Sonnenscheinstunden in Konstanz.
b) Erstelle ein Säulendiagramm zu den Sonnenscheinstunden auf Fehmarn.

4. Welches Diagramm stellt die Sonnenscheinstunden für Konstanz dar, welches die Sonnenscheinstunden für Fehmarn? Schreibe passende Überschriften.

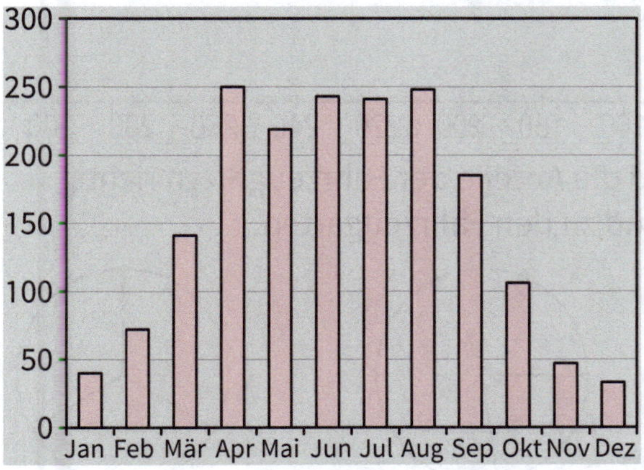

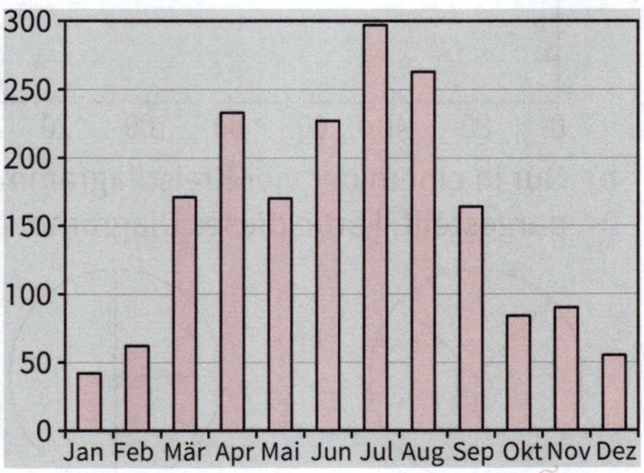

Diagramme

In der Tabelle zur Verkehrszählung vor der Brunnenschule fehlen einige Zahlen. Das Diagramm ist noch nicht vollständig gezeichnet.

Uhrzeit	8–9	9–10	10–11	11–12	Gesamtzahl
Pkw	70	80			
Busse/Lkw		30	50		
Motorräder	30			35	
Fahrzeuge insgesamt von 8 Uhr bis 12 Uhr					

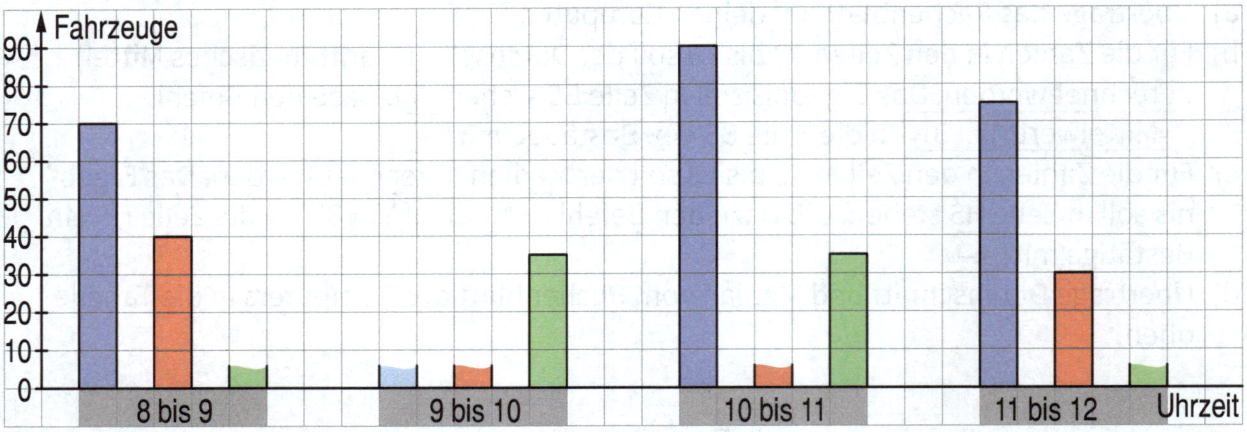

1. a) Ergänze die fehlenden Zahlen in der Tabelle. Zeichne die fehlenden Säulen.
b) Trage die Gesamtzahlen der Fahrzeuge von 8 Uhr bis 12 Uhr in die Tabelle ein.

2. Wahr oder falsch? Kreuze an.

		wahr	falsch
a)	Die meisten Pkw wurden von 10 Uhr bis 11 Uhr gezählt.		
b)	Die Gesamtzahl der Pkw zwischen 8 Uhr und 12 Uhr war kleiner als 200.		
c)	Von 8 Uhr bis 9 Uhr waren es 45 Pkw mehr als Motorräder.		
d)	Von 8 Uhr bis 12 Uhr waren es insgesamt mehr als 700 Fahrzeuge.		

3. a) Zeichne ein Balkendiagramm zu den Gesamtzahlen für Pkw, Busse/Lkw und Motorräder.

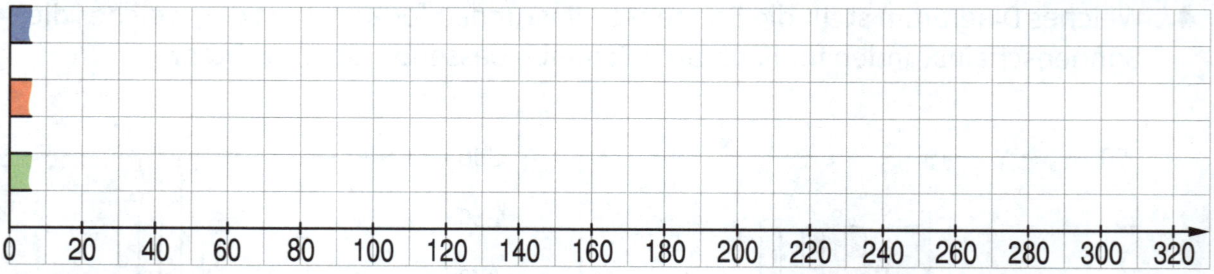

b) Nur in einem der vier Kreisdiagramme sind die Anteile der Fahrzeugarten richtig dargestellt. Färbe dieses Diagramm passend zu den Fahrzeugarten.

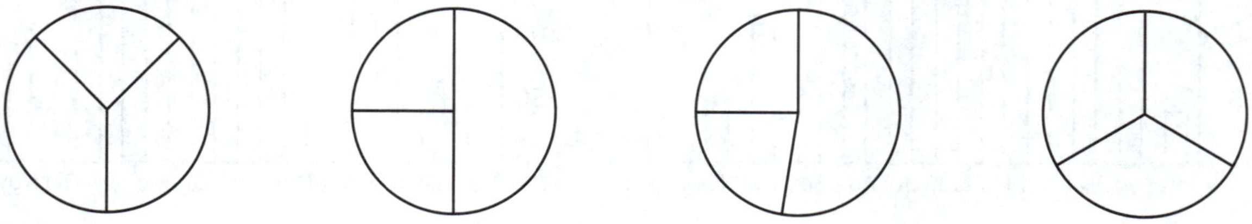

Diagramme

1.

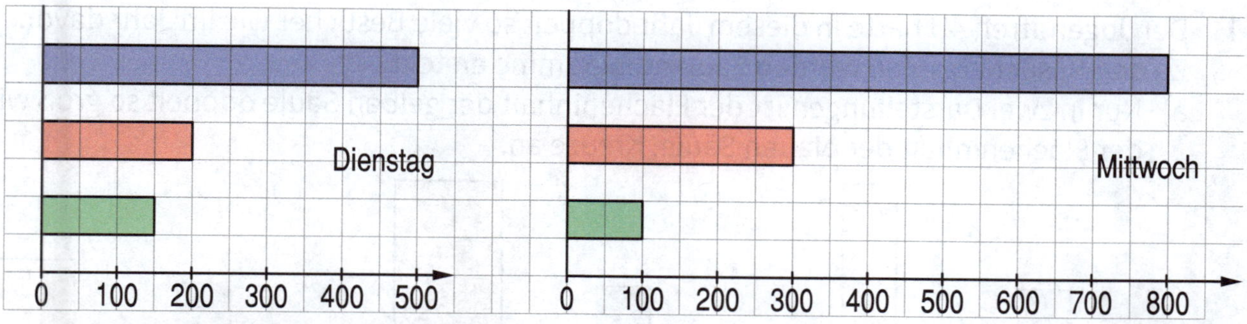

In den beiden Diagrammen sind die Zahlen der Verkehrszählung für Dienstag und Mittwoch dargestellt.

a) Lies ab, wie viele Fahrzeuge es jeweils waren. Trage die Zahlen in die Tabelle ein.

b) Trage für jeden Tag die Gesamtzahl der Fahrzeuge in die Tabelle ein.

	Di	Mi
Pkw		
Busse/Lkw		
Motorräder		
Gesamtzahl der Fahrzeuge		

c) Die Anteile der Fahrzeugarten für Dienstag und Mittwoch sind in einem Kreisdiagramm und in einem Streifendiagramm dargestellt. Zu welchen Wochentagen gehören die Diagramme? Schreibe zu jedem Diagramm den zugehörigen Wochentag.

2. Die Tabelle wurde zu den Verkehrszählungen am Donnerstag und Freitag erstellt. Sie zeigt für jeden Tag, wie viel Prozent aller Fahrzeuge auf die Fahrzeugarten entfielen.

	Do	Fr
Pkw	70%	55%
Busse/Lkw	20%	20%
Motorräder	10%	25%

a) Die Anteile der Fahrzeugarten sollen für jeden Tag in einem Kreisdiagramm dargestellt werden. Schreibe zu jedem Diagramm den zugehörigen Wochentag. Färbe jedes Diagramm passend zu den Fahrzeugarten.

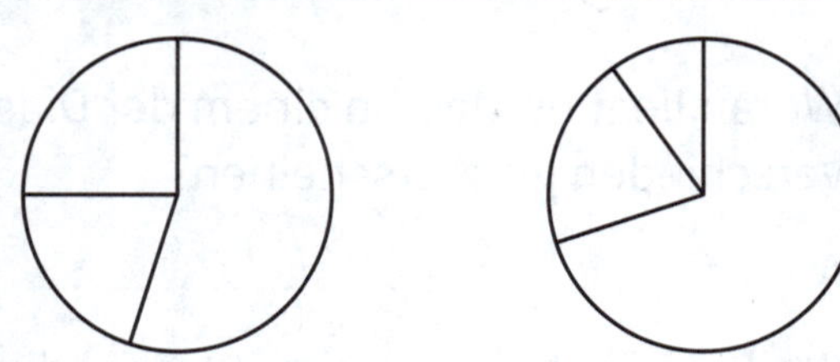

b) Färbe das Streifendiagramm für Donnerstag passend zu den Fahrzeugarten. Erstelle das Streifendiagramm für Freitag.

Donnerstag

Freitag

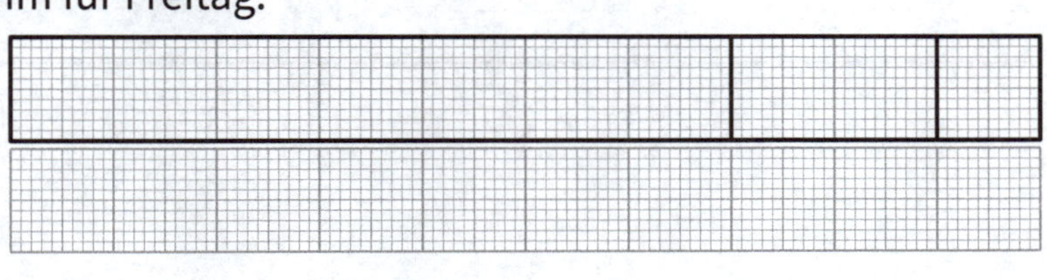

Statistische Darstellungen beurteilen

1. Der Jugendtreff 4U hatte in diesem Jahr doppelt so viele Besucher wie im Jahr davor. Zu den Besucherzahlen wurden Säulendiagramme erstellt.

a) Nur in zwei Darstellungen ist der Flächeninhalt der gelben Säule doppelt so groß wie der Flächeninhalt der blauen Säule. Kreuze an.

○ 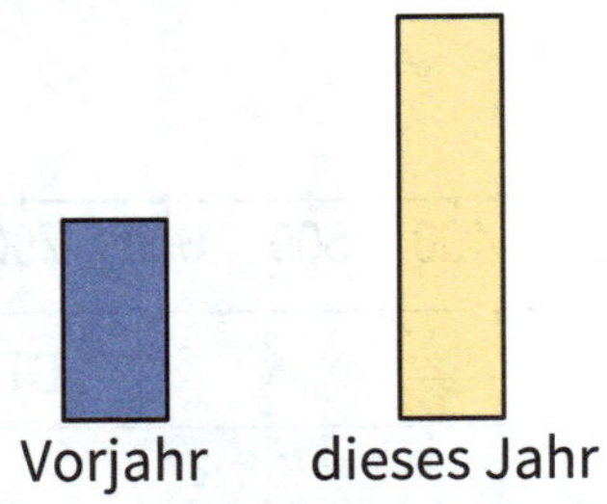

○ 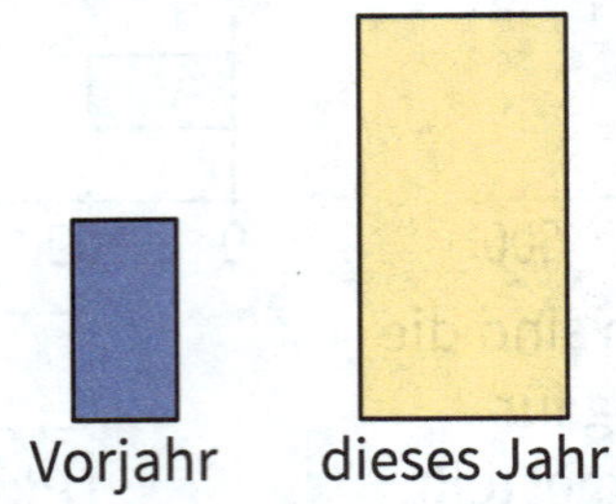

○ 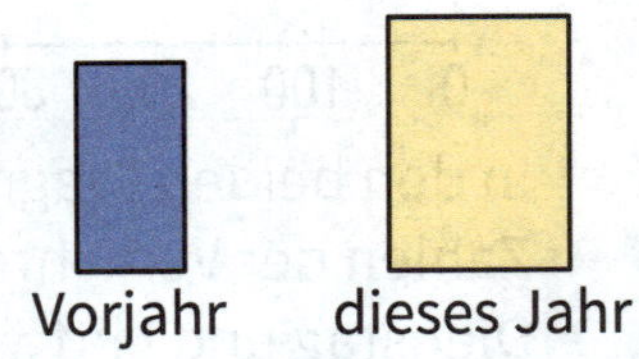

b) Eine der Darstellungen legt nahe, dass sich die Besucherzahlen mehr als verdoppelt haben. Wievielmal so groß wie im Vorjahr werden die Zahlen für dieses Jahr dargestellt? Kreuze an.

○ dreimal so groß ○ viermal so groß ○ fünfmal so groß

2. In der Tabelle steht, wie viele Jugendliche aus verschiedenen Altersgruppen am Wochenende im Jugendtreff 4U waren.

12–14 Jahre	14–16 Jahre	16–18 Jahre	älter als 18 Jahre	insgesamt
15	15	20	10	
$\frac{1}{4}$				

a) Wie viele Jugendliche waren es insgesamt? Vervollständige die Tabelle.
b) Ergänze in der Tabelle die Anteile der Altersgruppen an der Gesamtzahl.
c) In welchem der drei Diagramme erkennst du die Anteile am besten? Kreuze an.

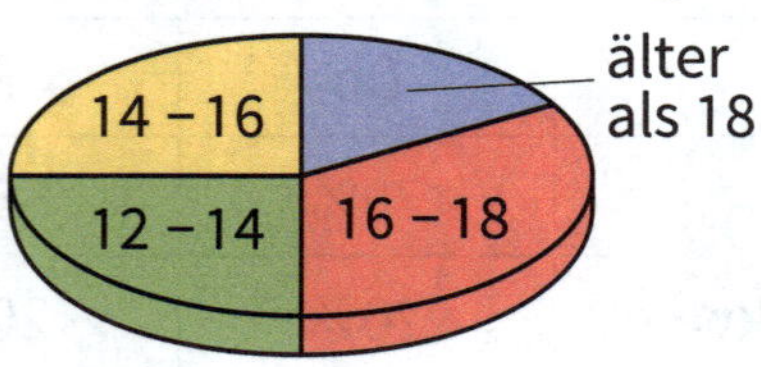

○

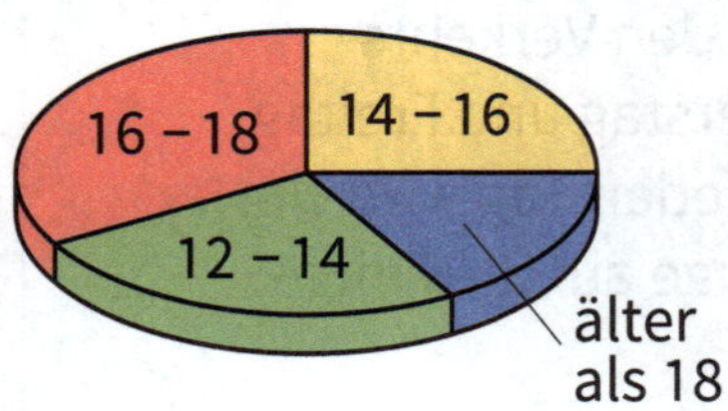

○

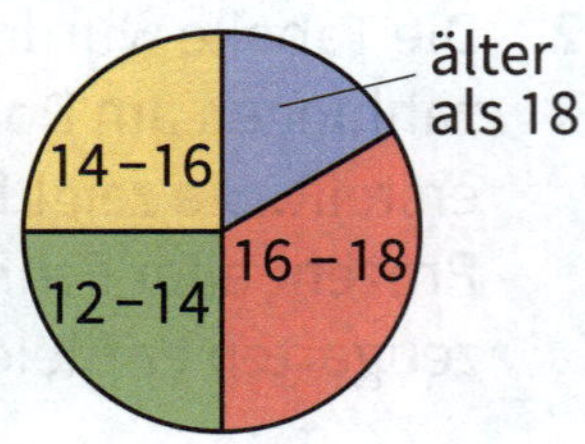

○

d) Woran liegt es, dass in einem der Diagramme der grüne und der gelbe Anteil verschieden groß erscheinen?

A: ______________________________

e) Stelle die Anteile in einem Streifendiagramm dar.

Statistische Darstellungen beurteilen

1.

Zahl der Fahrraddiebstähle kaum gestiegen
Wie unser Diagramm zeigt, hat sich in den letzten 5 Jahren die Zahl der Fahrraddiebstähle in unserer Stadt kaum erhöht.

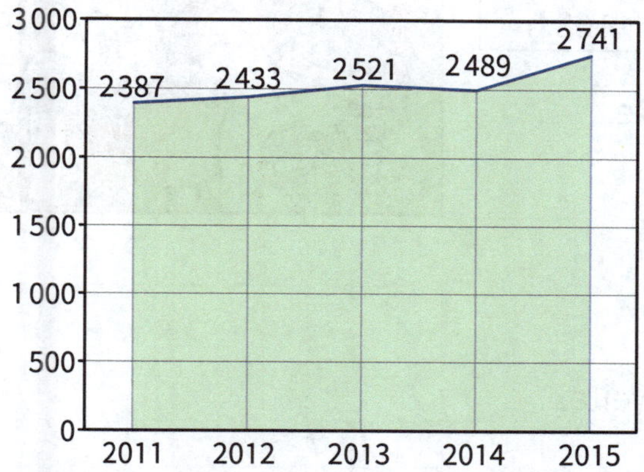

Zahl der Fahrraddiebstähle steigt stark an
Die Zahl der Fahrraddiebstähle in unserer Stadt hat in den letzten 5 Jahren dramatisch zugenommen. Dies ist unserem Diagramm zu entnehmen.

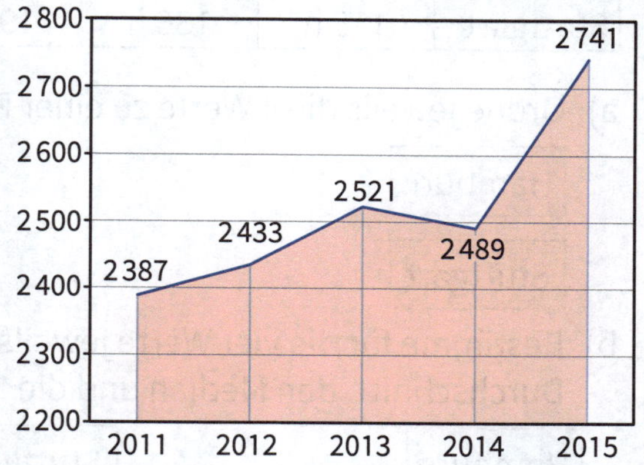

Lies die Zeitungsmeldungen. Woran liegt es, dass in beiden Diagrammen die Zunahme der Fahrraddiebstähle unterschiedlich groß erscheint?

A: ______________________________

2. Das Diagramm soll darstellen, wie viele Leserbriefe die Jugendzeitschrift *Eure Welt* abgedruckt hat. Erstelle ein Diagramm, das die Zunahme der Zahl abgedruckter Leserbriefe richtig darstellt. Schreibe dazu eine Überschrift für eine Zeitungsmeldung.

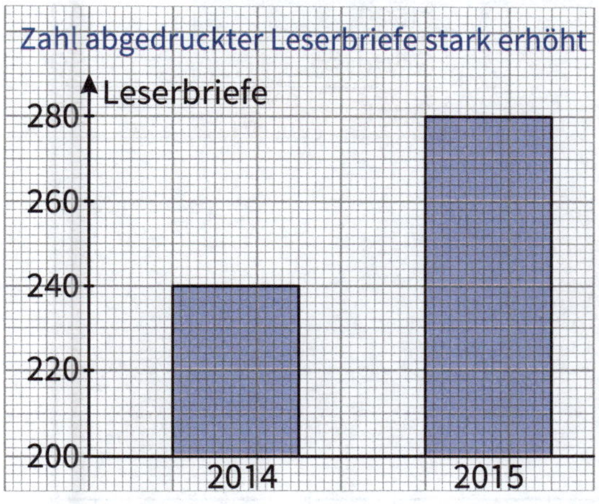

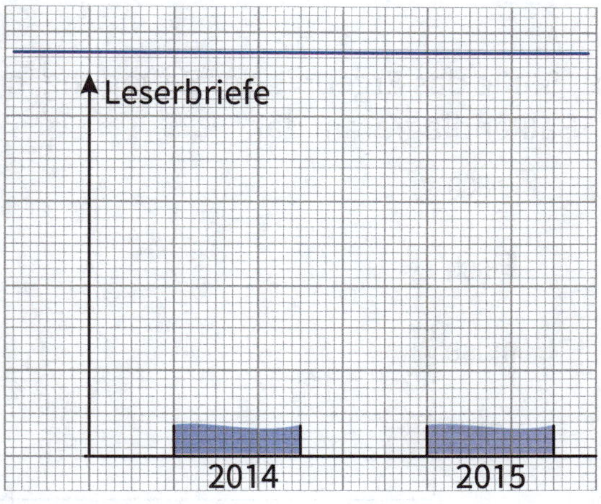

3. Im Jahr 2014 gab es in der Ortsdurchfahrt von Launau 176 Geschwindigkeitsverstöße.
Im Jahr 2015 waren es nur noch 118 Verstöße
Welches Diagramm stellt den Rückgang realistisch dar? Kreuze an.

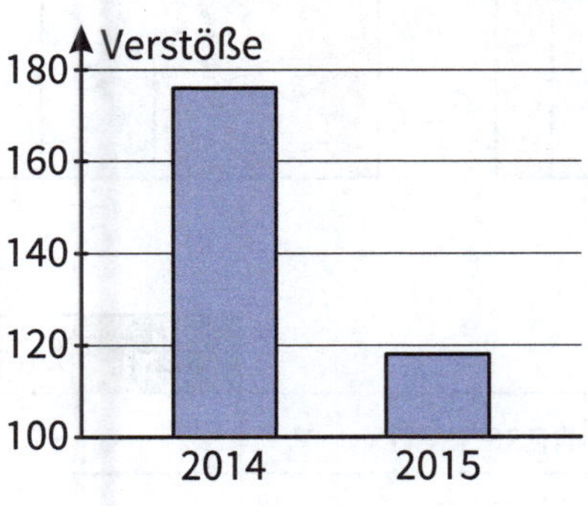

○

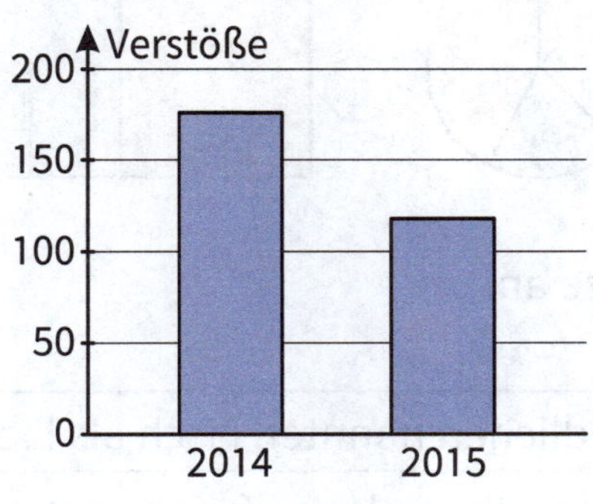

○

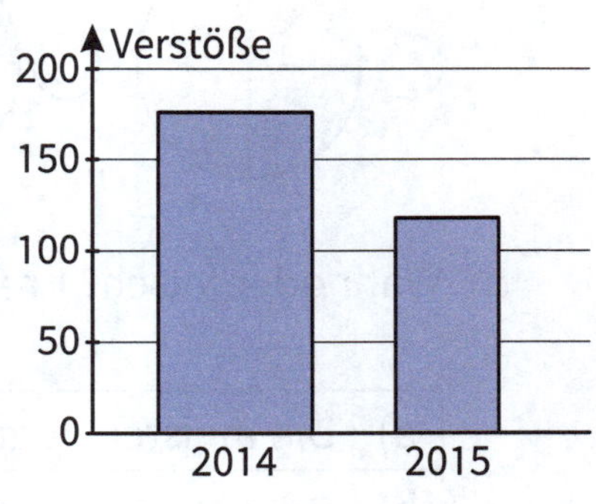

○

1. So viele Stunden schien von März bis Juni 2016 in Hamburg und in Stuttgart die Sonne.

	März	April	Mai	Juni
Hamburg	95 h	140 h	256 h	205 h
Stuttgart	115 h	136 h	193 h	168 h

a) Ordne jeweils die 4 Werte zu einer Rangliste.

Hamburg ______ ______ ______ ______

Stuttgart ______ ______ ______ ______

b) Bestimme für die vier Werte jeweils den Durchschnitt, den Median und die Spannweite.

Hamburg
Durchschnitt: ______
Median: ______
Spannweite: ______

Stuttgart
Durchschnitt: ______
Median: ______
Spannweite: ______

2. Bei einer Umfrage wurden Jugendliche nach ihrem Lieblingsessen gefragt. Jeder konnte nur eine Antwort geben. Das Ergebnis der Umfrage findest du in der Tabelle.

Fleisch	85
Fisch	40
Gemüse	50
Obst	25

a) Wie viele Jugendliche wurden insgesamt befragt?

A: ______

b) Stelle das Ergebnis der Befragung in einem Balkendiagramm dar.

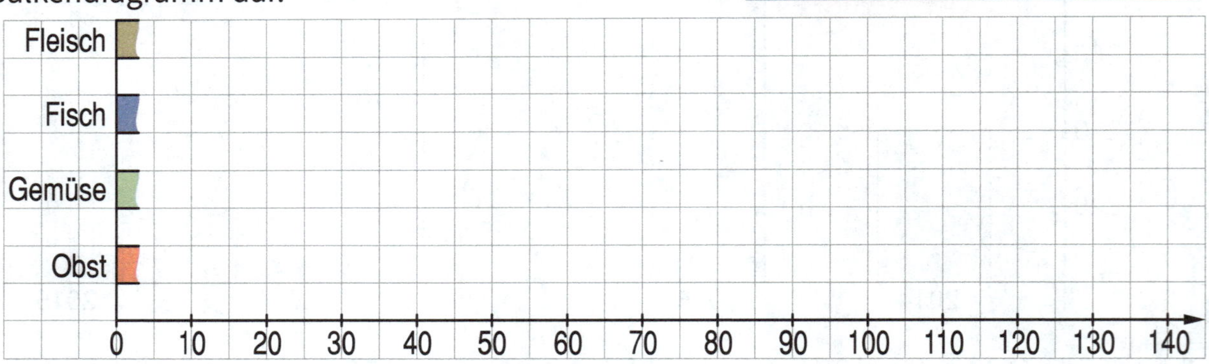

c) Welche Diagramme stellen das Ergebnis der Umfrage richtig dar? Kreuze an.

○ 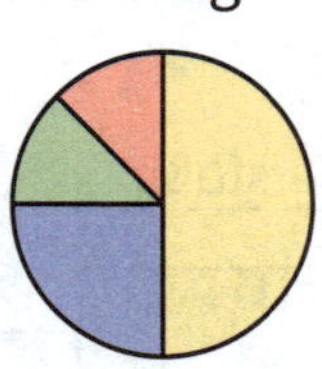 ○  ○  ○ 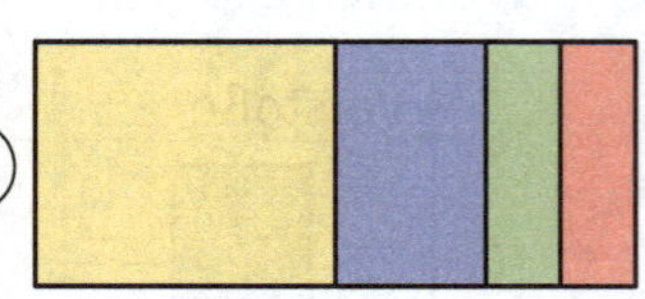

d) Wahr oder falsch? Kreuze an.

		wahr	falsch
a)	Die meisten Jugendlichen nannten Fisch als Lieblingsessen.		
b)	Gemüse wurde genau doppelt so oft genannt wie Obst.		
c)	Mehr als die Hälfte der Befragten nannten Fleisch oder Fisch.		

9 Sachprobleme

1. Lies die Zeitungsmeldung. Dann prüfe, welche Aussagen stimmen. Kreuze an.

> **Benzinpreise steigen weiter – Autofahren wird immer teurer**
> Im Jahr 2000 kostete 1 l Benzin durchschnittlich 1,00 €. 10 Jahre vorher waren es noch 30 Cent weniger. Im Jahr 2015 lag der Durchschnittspreis für Benzin dann schon bei 1,40 €. Von 1985 bis 2015 hat sich der Benzinpreis damit verdoppelt.

- ◯ Vor 10 Jahren war Benzin teurer als heute.
- ◯ 1990 kostete 1 l Benzin etwa 1,30 €.
- ◯ 2015 war 1 l Benzin etwa 40 Cent teurer als im Jahr 2000.
- ◯ 1985 lag der Benzinpreis bei 0,70 €.
- ◯ 1985 bezahlte man für 50 l Benzin weniger als 30 €.

2. Herr Barg plant den Kauf eines Autos. Er fährt jährlich ungefähr 30 000 km.

a) Berechne den jährlichen Benzinverbrauch für jedes der beiden Modelle.

Cumba
Verbrauch:
9,5 l auf 100 km

Laros
Verbrauch:
6,5 l auf 100 km

A: ______________________________

b) Herr Barg rechnet mit einem Benzinpreis von 1,40 € pro Liter. Wie viel Euro Benzinkosten spart er im Jahr, wenn er das Modell Laros wählt? Kreuze an.

◯ 1 260 € ◯ 1 760 € ◯ 2 160 €

3. Frau Fayeq fährt jährlich ungefähr 20 000 km. Sie möchte ihr Auto noch 5 Jahre fahren. Lohnt sich die Umrüstung auf Autogas? Ergänze den Rechenplan.

Benzin
Verbrauch 8 l auf 100 km
Preis: 1,36 € pro Liter

Autogas
Verbrauch: 9,5 l auf 100 km
Preis: 0,52 € pro Liter
Umrüstkosten: Einmalig 2 500 €

	Benzin	Autogas
Verbrauch in einem Jahr		
Verbrauch in 5 Jahren		
Kraftstoffkosten in 5 Jahren		
Umrüstkosten		
Gesamtkosten		

A: ______________________________

Schätzen und Überschlagen

1. Die Landkarte zeigt die Insel Gran Canaria. Du sollst bestimmen, wie groß die Fläche von Gran Canaria ungefähr ist.

a) Welche Angaben helfen dir dabei? Kreuze an.

- ◯ Gran Canaria liegt im Atlantischen Ozean.
- ◯ Gran Canaria hat annähernd die Form eines Kreises.
- ◯ Gran Canaria ist eine Insel.
- ◯ Gran Canaria hat einen Radius von ungefähr 23 km.

b) Berechne, wie viel km^2 groß die Fläche von Gran Canaria ungefähr ist.

A: ______________________________

2. Das Pulvermaar in der Eifel ist ein See, der durch einen Vulkan entstanden ist.

a) Wie groß ist ungefähr der Umfang des Pulvermaars?

A: ______________________________

b) Isabell möchte um das Pulvermaar herumwandern. Schafft sie das in 2 Stunden, wenn der Weg nah am Ufer verläuft?

A: ______________________________

3. Die Werbeagentur *Ikarus* beklebt die Plakatsäule mit zwei gleich großen Plakaten.

a) Schätze die Maße der Plakatsäule.
Höhe: ______ Durchmesser: ______

b) Wie breit kann jedes der beiden Plakate ungefähr sein?

A: ______________________________

c) Wie groß ist die Fläche der Plakatsäule, die beklebt werden kann?

A: ______________________________

Sachaufgaben mit Skizzen lösen

1. Die Orte Hochstadt und Bergdorf sind 115 km voneinander entfernt. Peter und Olga wollen sich treffen. Peter startet in Bergdorf, Olga startet in Hochstadt. Peter hat 20 km zurückgelegt. Olga ist schon doppelt so weit gefahren.

a) Welche Skizze passt zum Text? Kreuze an.

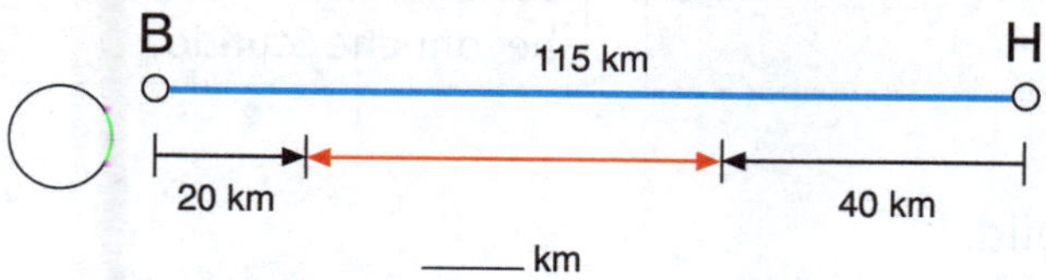

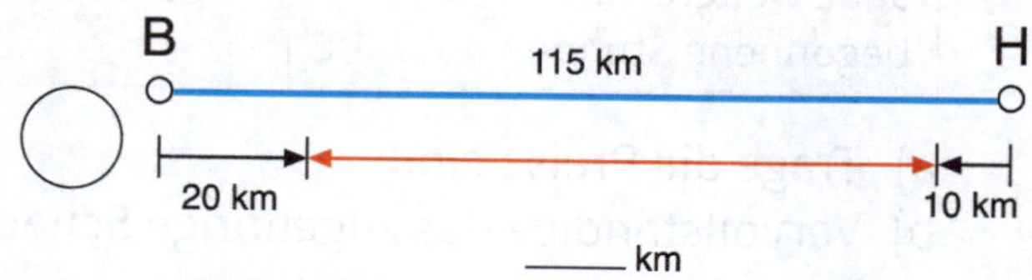

b) Wie weit sind Peter und Olga voneinander entfernt? Ergänze den fehlenden Wert.

A: ____________________

2. Ein Tunnel soll 5,8 km lang werden. Die Bauarbeiten beginnen gleichzeitig an beiden Seiten des Berges. Nach 2 Monaten ist der Tunnel auf der einen Seite 2,4 km lang. Auf der anderen Seite ist der Tunnel erst 900 m lang, weil das Gestein härter ist.
Wie weit sind die beiden Bohrtrupps voneinander entfernt? Löse mit Hilfe einer Skizze.

A: ____________________

3. In einem Waldstück stehen ungefähr 60 000 Bäume. Es sind je zur Hälfte Laubbäume und Nadelbäume. Die Hälfte der Laubbäume und ein Drittel der Nadelbäume sind geschädigt.
Wie viele Bäume sind insgesamt geschädigt?
Vervollständige die Skizze. Trage die fehlenden Werte ein.

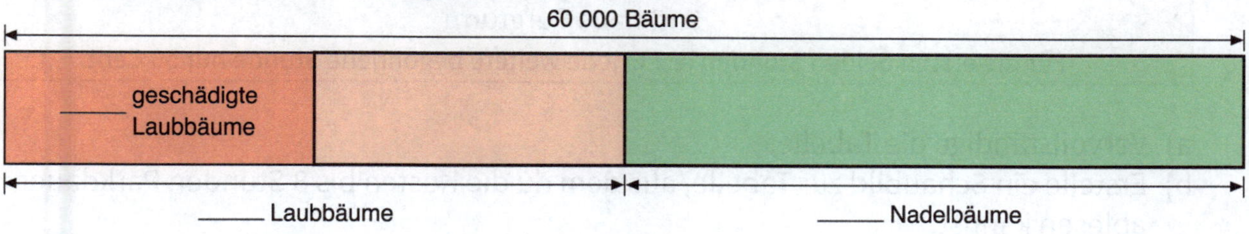

A: ____________________

4. An einer Umfrage zum Leseverhalten nehmen 8 000 Jugendliche teil, je zur Hälfte Mädchen und Jungen.
25 % der Mädchen lesen regelmäßig eine Zeitschrift, bei den Jungen sind es 20 %.
Wie viele der befragten Jugendlichen lesen regelmäßig eine Zeitschrift?
Löse mit einer Skizze.

A: ____________________

Sachaufgaben mit Schaubildern und Tabellen lösen

1. In den drei Parkhäusern einer Kleinstadt sind unterschiedliche Gebühren zu zahlen.

Parkhaus Neuer Markt	Parkhaus Brückentor	Parkhaus Talstraße
Bis 1 Stunde: 2 € Jede weitere begonnene Stunde 1 €	Jede begonnene Stunde 1 €	Bis 1 Stunde: 1 € Jede weitere begonnene Stunde 2 €

a) Trage die Preise ein.
b) Vervollständige das zugehörige Schaubild.

Parkhaus Neuer Markt

h	€
1	
2	
3	
4	

Parkhaus Brückentor

h	€
1	
2	
3	
4	

Parkhaus Talstraße

h	€
1	
2	
3	
4	

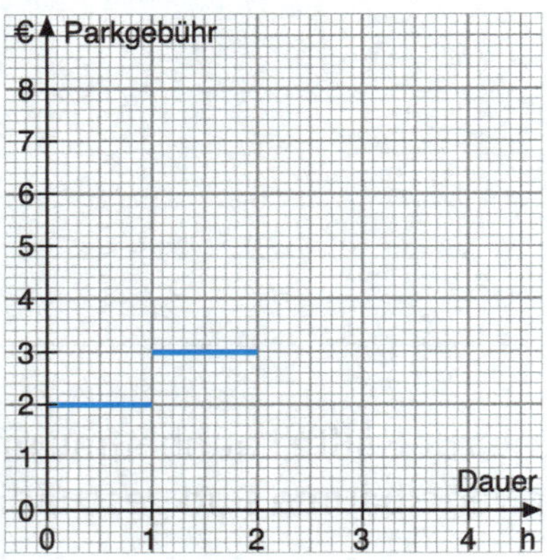

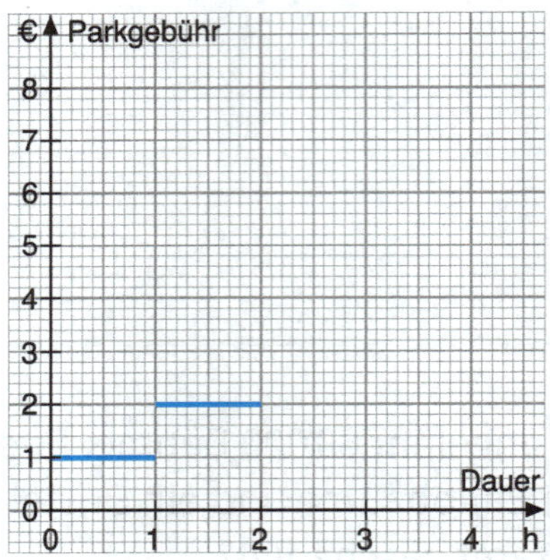

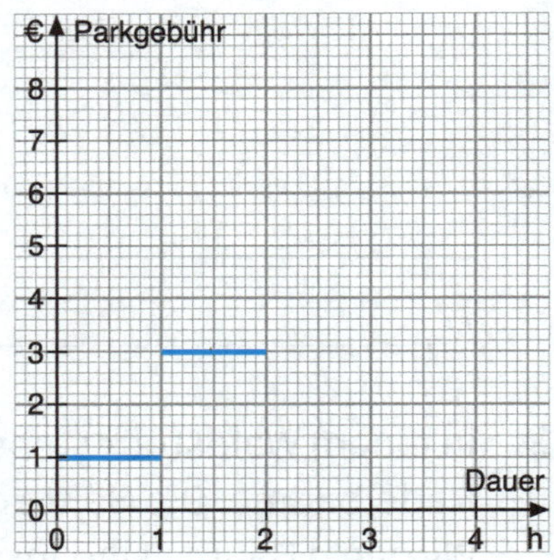

2.

Parkhaus Burgturm
Für die ersten beiden Stunden je 2 €; jede weitere begonnene Stunde nur 50 Cent.

a) Vervollständige die Tabelle.
b) Erstelle ein Schaubild zur Tabelle, aus dem du die Kosten bis 8 Stunden Parkdauer ablesen kannst.

h	€
1	2,00
2	4,00
3	
4	
5	
6	6,00
7	

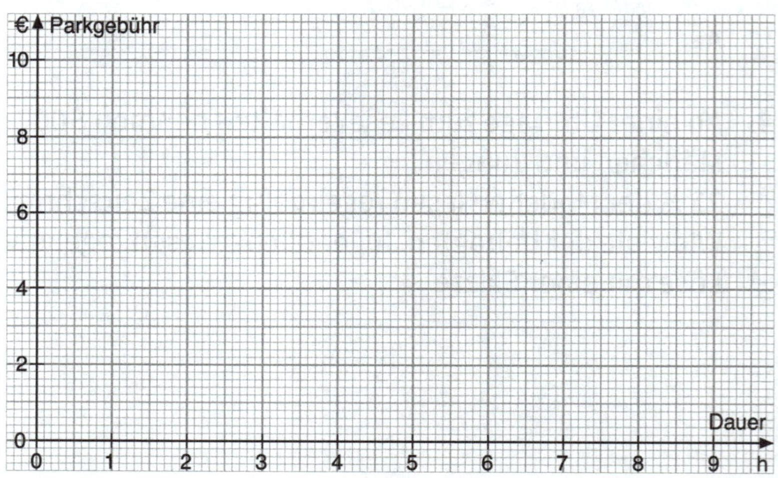

c) Wie hoch sind die Gebühren für eine Parkdauer von 12 Stunden und 18 Minuten?

A: ____

Sachaufgaben mithilfe von Gleichungen lösen

1.

Wie teuer ist eine Eintrittskarte?
Stelle eine Gleichung auf und löse sie.

A: ______________________________

2. Bestimme den Preis mit einer Gleichung.

a)

b)

Eine Brille kostet __________ €.

Ein Schläger kostet __________ €.

3. Löse die Aufgabe mithilfe der zugehörigen Gleichung. Eine Gleichung bleibt übrig.

$4 \cdot x + 8{,}60 = 50$

$4 \cdot x + 4 \cdot 8{,}60 = 50$

$4 \cdot x - 8{,}60 = 50$

a) Frau Arp kauft für den Sportverein 4 Paar Socken zu je 8,60 € und 4 T-Shirts. Sie bezahlt insgesamt genau 50 €. Wie viel Euro kostet ein T-Shirt?

A: ______________________________

b) Herr Silk kauft für den Sportverein 4 Bälle. Er bekommt 8,60 € Rabatt. Er bezahlt noch genau 50 €. Wie viel Euro kostet ein Ball?

A: ______________________________

Sachaufgaben mithilfe von Gleichungen lösen

1.

Der mittlere Baumstamm ist doppelt so lang wie der kürzeste, der längste Baumstamm ist sogar dreimal so lang. Zusammen sind die drei Baumstämme 36 m lang.
Wie lang ist jeder Baumstamm?

A: Der kürzeste Baumstamm ist ____ m lang,
der mittlere Baumstamm ____ m und der
längste Baumstamm ist ____ m lang.

Länge des kürzesten Stammes:
x
Länge des mittleren Stammes:
2 x
Länge des längsten Stammes:
3 x
x + 2 x + 3 x = 3 6

2. Auf einer dreitägigen Radtour legen Laura und Jenny insgesamt 63 km zurück.
Am zweiten Tag fahren sie doppelt so weit wie am ersten Tag, am dritten Tag viermal so weit wie am ersten Tag.
Wie weit fahren sie an jedem der drei Tage?

A: Am ersten Tag fahren sie ____ km,
am zweiten Tag sind es ____ km,
und am dritten Tag fahren sie ____ km.

Strecke am 1. Tag: x

3. Von März bis Mai hat Sarah insgesamt 180 € gespart.
Im April hat sie 20 € mehr gespart als im März. Im Mai waren es sogar 40 € mehr als im März.
Wie viel Euro hat Sarah in jedem der drei Monate gespart?

A: Im März hat Sarah ____ € gespart,
im April waren es ____ €,
und im Mai hat Sarah ____ € gespart.

3. Wie groß ist jedes der drei Kinder?

A: Lea ist ____ m groß, Jan ist ____ m groß,
und Max ist ____ m groß.

Ein Sachthema mit mathematischen Mitteln bearbeiten

Buntbarsche haben einen Wasserbedarf von ungefähr 9 *l* pro Fisch. Ein beliebter Aquariumsfisch ist der Schneckenbuntbarsch. Er bewohnt einzeln oder paarweise ein Schneckenhaus, das er zur Eiablage nutzt. Ein Gelege besteht in der Regel aus 10 Jungtieren. Bei einer Wassertemperatur von 26° Celsius fühlt sich der Fisch wohl.
Ähnliche Temperaturen herrschen in seiner Heimat, dem Tanganjika-See. Dort leben diese Tiere sogar in Tiefen bis zu 40 m. Deshalb sollte auch die Aquarientiefe ausreichend sein, wenn man im Zoohandel für 6,50 € einen Schneckenbuntbarsch kauft. In einem 60 cm tiefen Aquarium kann der Fisch bis zu 8 Jahre alt werden.

1. Kreuze die Fragen an, die du mit den Informationen aus dem Text beantworten kannst.

- ◯ Wie viele Buntbarsche können in einem 54-l-Aquarium leben?
- ◯ Welche Temperatur sollte das Wasser im Aquarium haben?
- ◯ Wie viele Eier legt das Fischweibchen in das Schneckenhaus ab?
- ◯ Wie groß muss das Schneckenhaus für die Eiablage sein?
- ◯ Wie viele Arten von Buntbarschen leben im Tanganjika-See?
- ◯ Wie viele Jungtiere gehören zu einem Gelege?

2. Ergänze die fehlenden Werte.

a) Ein Schneckenbuntbarsch hat einen Platzbedarf von ungefähr ________ l Wasser.

b) In ihrer afrikanischen Heimat leben die Buntbarsche in Wassertiefen bis zu ________ m.

c) Schneckenbuntbarsche können bis zu ________ Jahre alt werden.

3. In einem Aquarium leben 14 Schneckenbuntbarsche.
F: Wie viel Liter Wasser muss das Aquarium fassen?

A: ____

4. Ein Aquarium ist 100 cm lang, 50 cm breit und 90 cm tief.
F: Wie viele Schneckenbuntbarsche dürfen höchstens in das Becken gesetzt werden?

A: ____

5. Herr Falker kauft 6 Schneckenbuntbarsche. Er bezahlt mit einem 50-€-Schein.

F: ____

____

A: ____

Ein Sachthema mit mathematischen Mitteln bearbeiten

Windkraft, Wasserkraft, Sonnenstrahlung, Erdwärme und Biomasse werden häufig als erneuerbare Energiequellen bezeichnet. Ihre Nutzung für die Energieerzeugung hat sich von 2000 bis 2010 verdreifacht.
Der Anteil der erneuerbaren Energie an der Stromerzeugung betrug im Jahr 2010 schon 17 %. Bis 2020 soll dieser Anteil 35 % betragen. Im Jahr 2010 wurden fast 104 Milliarden kWh Strom aus erneuerbaren Energiequellen erzeugt.
Während die Nutzung der Wasserkraft schon immer eine recht große Bedeutung für die Stromerzeugung hatte, ist die Nutzung der Sonne erst durch den zunehmenden Bau von Solar-Anlagen in den letzten Jahren außerordentlich stark gestiegen. Im Jahr 2000 waren nicht einmal $\frac{1}{100}$ der heutigen Anlagen in Betrieb.

1. Kreuze die Fragen an, die du mit den Informationen aus dem Text beantworten kannst.
- ◯ Wie viel kWh Strom wurden im Jahr 2010 mit erneuerbaren Energiequellen erzeugt?
- ◯ Welche Vorteile bietet die Nutzung erneuerbarer Energiequellen?
- ◯ Wie viel kWh Strom wurden im Jahr 2000 von Solar-Anlagen erzeugt?
- ◯ Auf wie viel Prozent soll der Anteil erneuerbarer Energie an der Stromerzeugung bis zum Jahr 2020 steigen?
- ◯ Wie viel kWh Strom erzeugt ein Windrad bei einer Umdrehung?
- ◯ Wie viel mal so groß wie im Jahr 2000 war die Nutzung erneuerbarer Energiequellen für die Energieerzeugung im Jahr 2010?

2. Ergänze die fehlenden Werte.

a) Der Anteil erneuerbarer Energien an der Stromerzeugung soll bis 2020 auf ____ % steigen.

b) Im Jahr 2000 waren weniger als ____ % der heutigen Solar-Anlagen in Betrieb.

c) Im Jahr 2010 wurden ______________ kWh Strom aus erneuerbaren Energiequellen erzeugt.

3. Im Jahr 2010 wurden 7 % des aus erneuerbaren Energiequellen erzeugten Stromes von Solar-Anlagen produziert.
F: Wie viel kWh Strom wurden von Solaranlagen produziert?

A: ______________________________

____

4. Im Jahr 2009 gab es in Deutschland im Bereich Windenergie 102 100 Arbeitsplätze. Im Jahr 2010 erhöhte sich diese Zahl um weitere 7 300 Arbeitsplätze.

F: ______________________________

A: ______________________________

____

1. Berechne die fehlenden Werte.

Größe im Original	4 cm		40 cm	5 mm	3 mm
Vergrößerung	2-fach	20-fach	5-fach		200-fach
Maßstab	2 : 1	20 : 1		100 : 1	
Größe in der Abbildung		60 cm	200 cm		

2. Zeichne den Buchstaben G 2-fach verkleinert und den Buchstaben U 3-fach vergrößert.

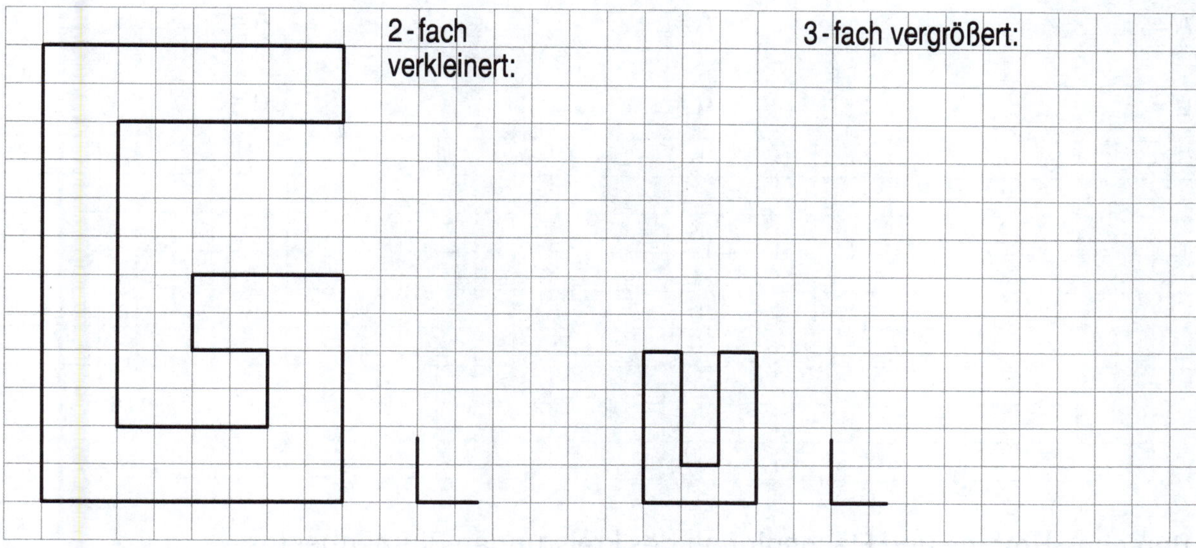

3. Trage die fehlenden Werte ein.

Maßstab	1 : 10	1 : 1 000	1 : 20	1 : 1	10 : 1	100 : 1
Länge in der Zeichnung		10 cm		20 cm	15 cm	
Länge in der Wirklichkeit	20 cm		200 cm			3 mm

4. Schreibe als Potenz.

a) $2 \cdot 2 \cdot 2 =$ ______ b) $5 \cdot 5 \cdot 5 \cdot 5 =$ ______ c) $3 \cdot 3 \cdot 3 \cdot 3 \cdot 3 =$ ______

5. Schreibe die Potenz ausführlich und berechne.

a) $3^3 =$ ____ · ____ · ____ = ______ b) $2^5 =$ ______________ = ______

c) $7^2 =$ ______________ = ______ d) $5^3 =$ ______________ = ______

6. Der Flächeninhalt eines Quadrats ist gegeben. Wie lang ist eine Seite des Quadrats?

a) $A = 25\ m^2$ b) $A = 36\ m^2$ c) $A = 100\ m^2$ d) $A = 81\ m^2$

a = ______ m a = ______ m a = ______ m a = ______ m

7. Trage die fehlenden Zahlen ein.

a) $\sqrt{16} =$ ______, denn ______$^2 = 16$ b) $\sqrt{100} =$ ______, denn ______$^2 = 100$

c) $\sqrt{64} =$ ______, denn ______$^2 = 64$ d) $\sqrt{144} =$ ______, denn ______$^2 = 144$

8. Berechne den Flächeninhalt und den Umfang der gefärbten Figur.

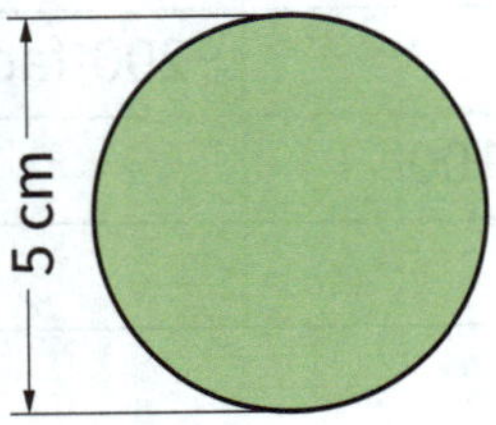

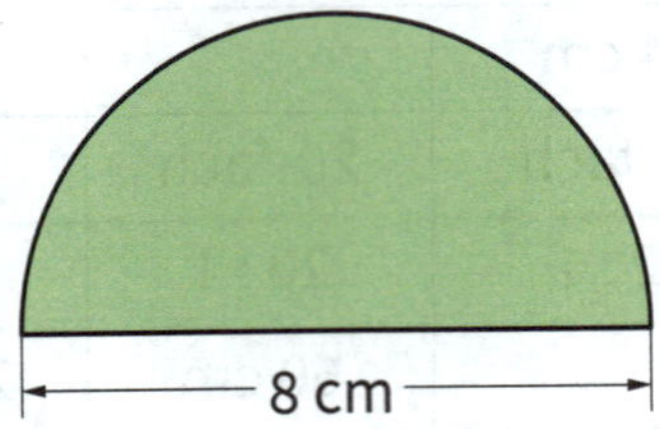

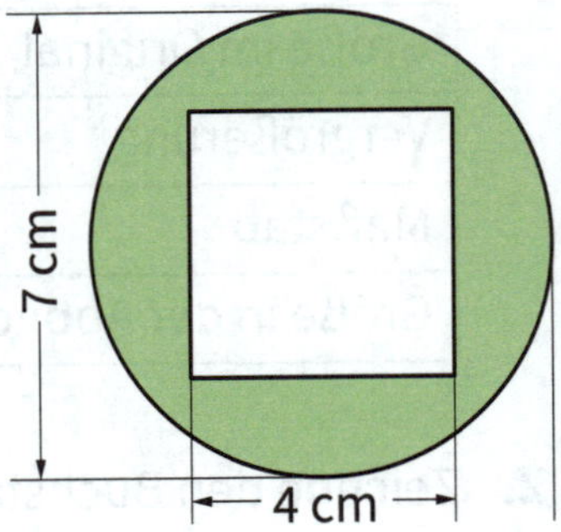

A = ______ A = ______ A = ______

u = ______ u = ______ u = ______

9. Berechne Umfang und Flächeninhalt des kreisrunden Blumenbeetes.

u = ______ A = ______

u = ______ A = ______

u = ______ A = ______

10. Umfang und Flächeninhalt der gefärbten Figur sollen berechnet werden. Miss benötigte Längen, dann rechne.

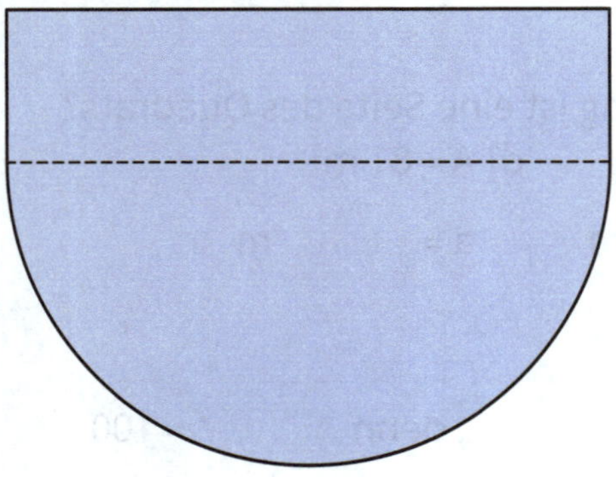

u = ______ cm A = ______ cm²

11. Vervollständige die Tabelle. Trage das Ergebnis ein.

a) Preis für 5 Stifte: 3,50 €
Preis für 12 Stifte: ________ €

Anzahl	€
5	
1	
12	

b) Preis für 4 Patronen: 1,00 €
Preis für 7 Patronen: ________ €

Anzahl	€

12. Herr Dux legt in einer Stunde 90 km zurück. Wie weit fährt er in einer halben Stunde?

A: ______________________________

13. In 3 Stunden fährt Paolo mit dem Fahrrad 39 km weit.
F: Wie viel Kilometer legt er pro Stunde zurück?

h	km

A: ______________________________

14. Wie viele Fahrten sind für den Transport der Baumaterialien notwendig?

a) Bei 3 Lkw 8 Fahrten

Lkw	Fahrten

b) Bei 4 Lkw 9 Fahrten

Lkw	Fahrten

c) Bei 7 Lkw 6 Fahrten

Lkw	Fahrten

15. Ist die Zuordnung proportional oder antiproportional?
Trage ein, dann ergänze die fehlenden Werte in der Tabelle.

a) **Preis**

Ordner	€
2	7,00
1	
5	

____

b) **Arbeitszeit**

Personen	h
5	9
1	
3	

____

c) **Fahrtdauer**

km	h
400	8
100	
300	

____

16. Schreibe für jedes Dreieck die Gleichung auf, die nach dem Satz des Pythagoras gilt.

a) 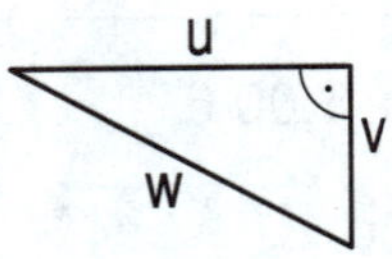

b) 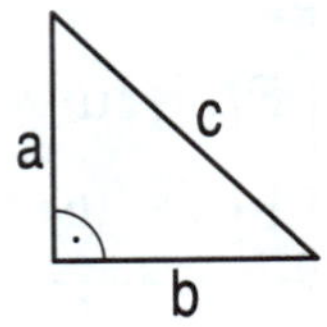

c) 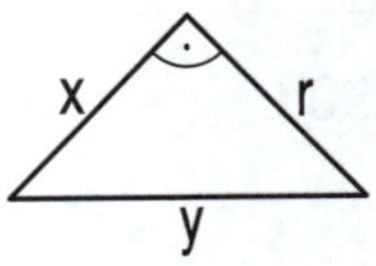

d) 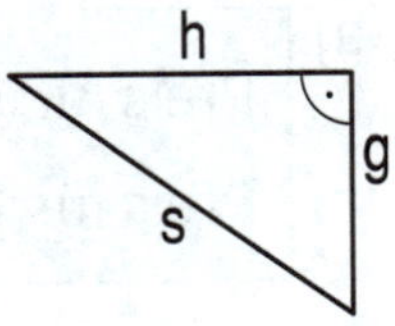

______ ______ ______ ______

17. Wie lang sind die Stützen der Schaukel? Rechne mit dem Taschenrechner. Runde.

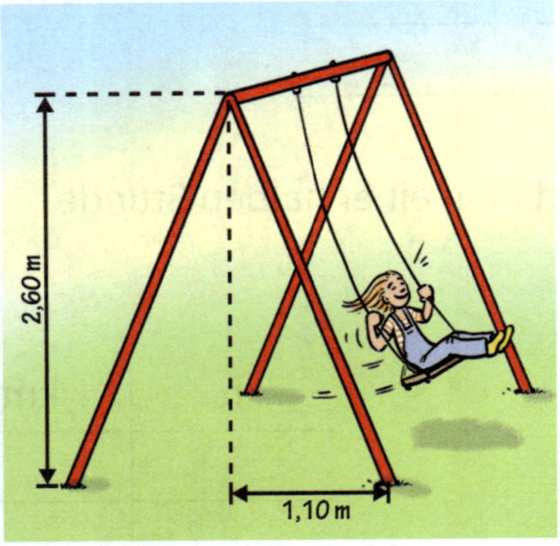

Skizze:

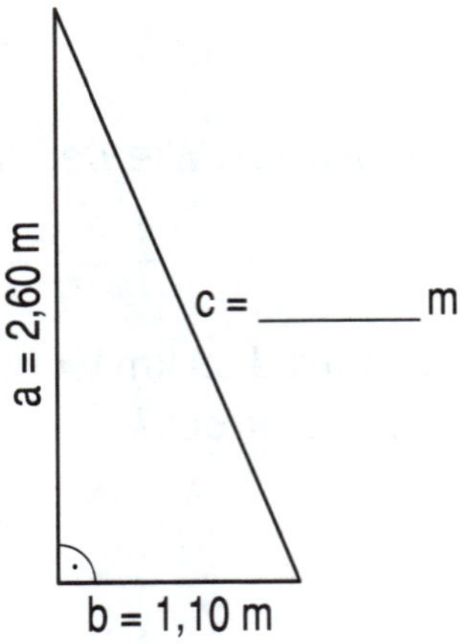

$a^2 + b^2 = c^2$

$c^2 = a^2 + b^2$

$c^2 =$ ______ + ______

$c^2 =$ ______

$c^2 =$ ______

$c =$ ______

$c =$ ______ m

A: ______

18. Der Inhalt der Grundfläche ist gegeben. Berechne des Volumen des Körpers.

a) 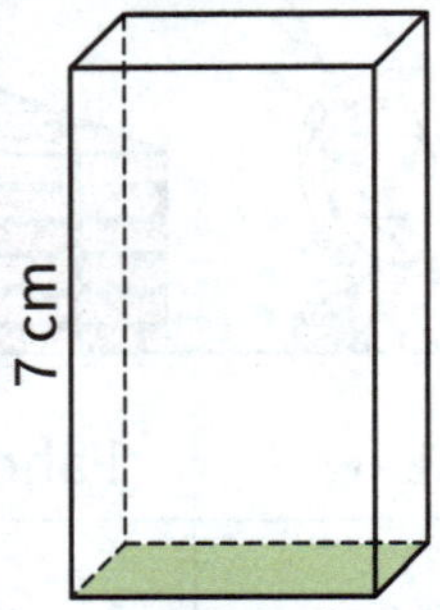

G = 8 cm²

b) 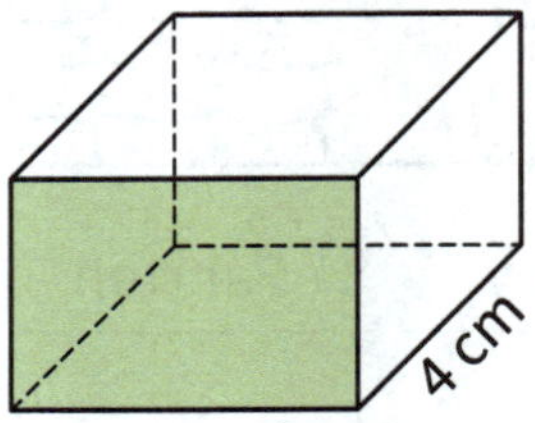

G = 6 cm²

c) 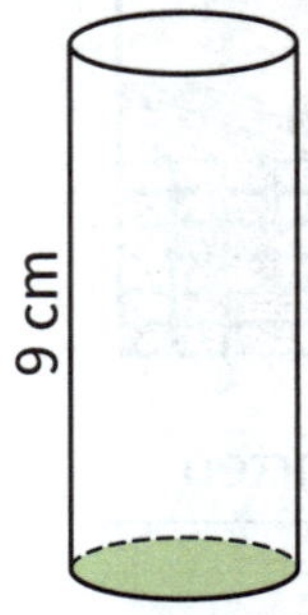

G = 12 cm²

d) 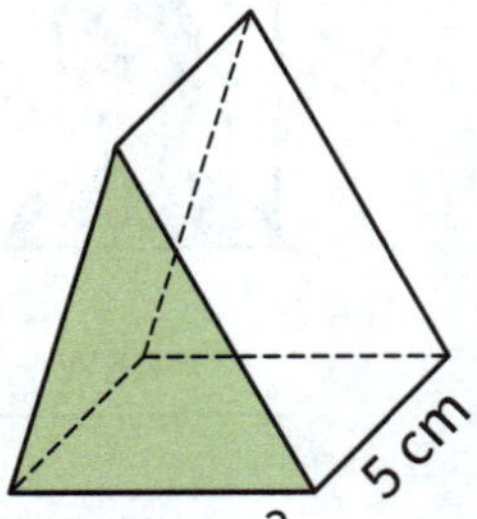

G = 9 cm²

V = ______ V = ______ V = ______ V = ______

19. Bestimme den fehlenden Wert für das Prisma.

	a)	b)	c)	d)	e)	f)
Grundfläche (G)	84 cm²	50 cm²	15 cm²			60cm²
Körperhöhe (h_k)	10 cm	7 cm	6 cm	5 cm	4 cm	
Volumen (V)				200 cm³	120 cm³	180 cm³

20. In der zylinderförmigen Verpackung werden Schokoladentaler verkauft.

a) Wie groß ist das Volumen der Verpackung?

b) Auf der Mantelfläche stehen Informationen. Wie groß ist die Mantelfläche?

Volumen: ________ Mantelfläche: ________

21. Berechne das Volumen des Körpers.

a)

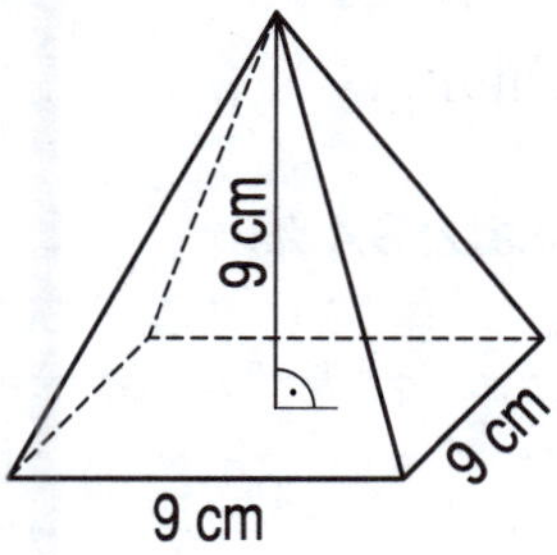

b)

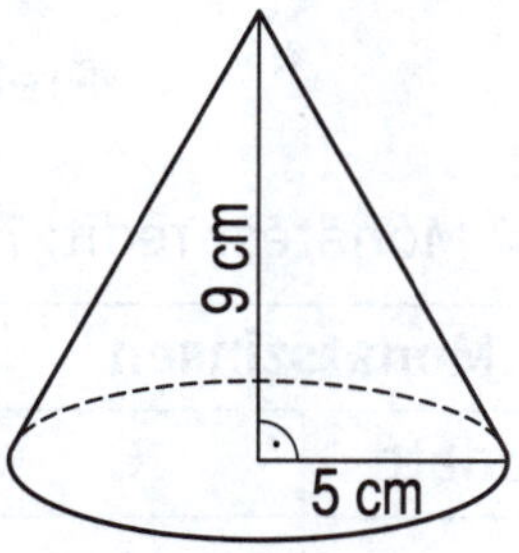

c)

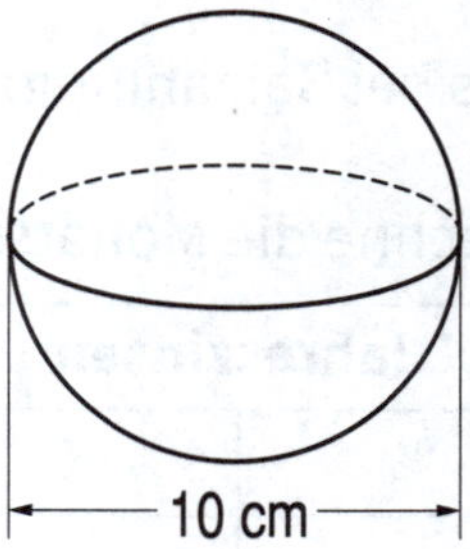

V = ________ V = ________ V = ________

22. Vervollständige die Tabelle.

Grundwert	2 500 €	600 kg		1 000 kg	58 m	
Prozentsatz	10 %		10 %	25 %		20 %
Prozentwert		30 kg	650 m		29 m	40 €

23.

Eintrittspreis bei Gruppenermäßigung: ________

24. Berechne die Preise bei Barzahlung.

Küche	
%	€

Preis bei Barzahlung: ______________

Waschmaschine	
%	€

Preis bei Barzahlung: ______________

25. Berechne die Monatszinsen. Zeit: 7 Monate; Kredit: 7 500 €; Zinssatz: 8,4 %.

Jahreszinsen	
%	€

Monatszinsen	
Monate	€

Monatszinsen: ______________

26. So viel Millimeter Niederschlag fielen von März bis Juni 2016 in Aachen und in Nürnberg.

	März	April	Mai	Juni
Aachen	60	74	69	157
Nürnberg	37	41	49	77

a) Ordne jeweils die 4 Werte zu einer Rangliste.

Aachen ______ ______ ______ ______

Nürnberg ______ ______ ______ ______

b) Bestimme für die vier Werte jeweils den Durchschnitt, den Median und die Spannweite.

Aachen

Durchschnitt: ______

Median: ______

Spannweite: ______

Nürnberg

Durchschnitt: ______

Median: ______

Spannweite: ______

1. Vervollständige die Zahlenreihen.

a)	6 850	7 150							9 550
b)	4 750	4 900							6 100
c)	10 150	9 950							8 350

2. a) 6 500 + 8 000 = ______ b) 7 800 − 2 500 = ______ c) 5 700 + 2 700 = ______

4 700 + 3 200 = ______ 5 400 − 2 100 = ______ 4 800 + 2 500 = ______

1 800 + 6 100 = ______ 9 800 − 5 600 = ______ 8 400 − 3 700 = ______

3. Im Kopf oder schriftlich? Trage die Buchstaben bei den Lösungszahlen ein.

a) 9 001 + 4 486 = ______ S b) 27 293 − 12 002 = ______ D

8 020 + 9 673 = ______ F 33 684 − 16 001 = ______ O

9 445 + 8 288 = ______ X 31 333 − 17 836 = ______ C

7 268 + 8 033 = ______ I 29 823 − 12 100 = ______ O

15 291	15 301	13 487	13 497	17 683	17 693	17 723	17 733

4. a)

·	4	50	8	60
70				
600				
8 000				

b)

:	3	60	400	20
2 400				
3 600				
12 000				

5. Im Kopf oder schriftlich?

a) 62 · 3 = ______ b) 710 · 20 = ______ c) 840 : 2 = ______ d) 7 209 : 9 = ______

71 · 9 = ______ 697 · 84 = ______ 816 : 6 = ______ 5 752 : 4 = ______

1. Vervollständige die Zahlenreihen.

a)	3,5	3,7								5,3
b)	23,3	23,9								28,7
c)	41,3	40,9								37,7

2. Rechne im Kopf.

a)

+	3,4	1,7	4,6	5,3
4,2				
7,5				

b)

–	4,5	2,1	5,7	3,6
9,8				
6,5				

3. Schreibe richtig untereinander und addiere oder subtrahiere.

a) 14,27 + 57,68

b) 0,74 + 29,36

c) 45,37 – 1,73

4. Trage die Buchstaben bei den Lösungszahlen ein.

a) 1,2 · 3 = ________ D

0,7 · 2 = ________ Z

3,2 · 5 = ________ E

b) 8 · 0,9 = ________ C

7 · 0,6 = ________ A

5 · 1,2 = ________ N

c) 2,4 : 3 = ________ A

4,9 : 7 = ________ J

5,5 : 5 = ________ Z

0,7	0,8	1,1	1,4	3,6	4,2	6	7,2	16

5. a) 16,4 · 38 b) 5,27 · 9 c) 8,06 · 7,3 d) 3,28 · 1,7

6. Im Kopf oder schriftlich? Trage die Ergebnisse ein.

a) 88,48 : 4 = ________

45,79 : 100 = ________

b) 428,31 : 9 = ________

432,87 : 10 = ________

c) 68,426 : 2 = ________

17,076 : 4 = ________

1. Ergänze die fehlende Zahl im Zähler oder Nenner.

a) $\frac{1}{2} = \frac{}{4}$ b) $\frac{1}{5} = \frac{}{10}$ c) $\frac{4}{8} = \frac{}{2}$ d) $\frac{4}{6} = \frac{2}{}$ e) $\frac{5}{10} = \frac{}{2}$ f) $\frac{10}{100} = \frac{}{10}$

2. a) $\frac{1}{5} + \frac{3}{5} =$ ____ b) $\frac{1}{4} + \frac{3}{4} =$ ____ c) $\frac{7}{8} - \frac{2}{8} =$ ____ d) $\frac{7}{9} - \frac{2}{9} =$ ____

3. Finde den gemeinsamen Nenner, dann rechne.

a) $\frac{7}{8} - \frac{1}{2} = \frac{}{} - \frac{}{} = \frac{}{}$ b) $\frac{2}{3} + \frac{1}{6} = \frac{}{} + \frac{}{} = \frac{}{}$ c) $\frac{2}{9} + \frac{1}{3} = \frac{}{} + \frac{}{} = \frac{}{}$

$\frac{3}{4} - \frac{1}{2} = \frac{}{} - \frac{}{} = \frac{}{}$ $\frac{1}{2} + \frac{1}{6} = \frac{}{} + \frac{}{} = \frac{}{}$ $\frac{7}{9} - \frac{1}{3} = \frac{}{} - \frac{}{} = \frac{}{}$

4. Schreibe das Ergebnis als gemischte Zahl.

a) $2 \cdot \frac{4}{5} = \frac{8}{5} =$ ____ b) $3 \cdot \frac{1}{2} =$ ____ $=$ ____ c) $\frac{3}{4} \cdot 2 =$ ____ $=$ ____

$3 \cdot \frac{5}{8} =$ ____ $=$ ____ $3 \cdot \frac{3}{4} =$ ____ $=$ ____ $\frac{5}{9} \cdot 2 =$ ____ $=$ ____

5. Wandle um in Hundertstel.

a) $\frac{1}{2} = \frac{}{100}$ b) $\frac{1}{4} = \frac{}{100}$ c) $\frac{1}{5} = \frac{}{100}$ d) $\frac{1}{10} = \frac{}{100}$ e) $\frac{3}{4} = \frac{}{100}$ f) $\frac{7}{10} = \frac{}{100}$

6. Schreibe mit einer Dezimalzahl.

a) $\frac{1}{4}$ m = ____ m b) $\frac{1}{2}$ kg = ____ kg c) $\frac{1}{5}$ km = ____ km

$\frac{3}{4}$ m = ____ m $\frac{7}{10}$ kg = ____ kg $\frac{7}{10}$ km = ____ km

7. Schreibe als Bruch und als Dezimalzahl.

a) $1 : 2 = \frac{1}{2} =$ ____ b) $1 : 4 =$ ____ $=$ ____ c) $1 : 10 =$ ____ $=$ ____

8. Verschiebe zuerst das Komma, dann rechne im Kopf.

a) 1,2 : 0,6 = ____ b) 3,6 : 0,9 = ____ c) 4,4 : 1,1 = ____

2,5 : 0,5 = ____ 7,2 : 0,8 = ____ 3,6 : 1,2 = ____

2,4 : 0,3 = ____ 2,8 : 0,4 = ____ 3,9 : 1,3 = ____

4,2 : 0,7 = ____ 5,4 : 0,6 = ____ 7,7 : 1,1 = ____

9. a) 1,95 : 0,3 = ____ b) 5,04 : 0,6 = ____ c) 3,05 : 0,05 = ____

1. Wandle um.

a) 128 cm = ______ m
34 cm = ______ m
2,07 m = ______ cm
2,5 m = ______ cm

b) 18 cm = ______ mm
2,7 cm = ______ mm
35 mm = ______ cm
1 205 mm = ______ cm

c) 1 250 m = ______ km
468 m = ______ km
2,5 km = ______ m
3,05 km = ______ m

2. a) $\frac{1}{2}$ m = ______ cm b) $\frac{3}{4}$ m = ______ cm c) $\frac{1}{10}$ m = ______ cm

3. Gib das Ergebnis in m an.

a) 2,30 m + 50 cm = ______ m
1,70 m + 80 cm = ______ m
1,86 m + 40 cm = ______ m
$\frac{3}{4}$ m + 50 cm = ______ m

b) 3,50 m – 10 cm = ______ m
2,10 m – 20 cm = ______ m
3,54 m – 70 cm = ______ m
$\frac{1}{2}$ m – 40 cm = ______ m

4. Vervollständige die Tabelle.

a)

1 kg 350 g		
1,350 kg		0,507 kg
	3025 g	

b)

1 t 250 kg		
	0,725 t	
		1380 kg

5. Ergänze.

a) 400 g + ______ g = 1 kg
80 g + ______ g = 1 kg
0,7 kg + ______ g = 1 kg
0,1 kg + ______ g = 1 kg

b) 940 kg + ______ kg = 1 t
300 kg + ______ kg = 1 t
0,825 t + ______ kg = 1 t
0,750 t + ______ kg = 1 t

6. Gib das Ergebnis in kg an.

a) 1,500 kg + 500 g = ______ kg
3,400 kg + 450 g = ______ kg
4,800 kg + 750 g = ______ kg
$\frac{1}{2}$ kg + 800 g = ______ kg

b) 3,500 kg – 200 g = ______ kg
2,780 kg – 150 g = ______ kg
4,250 kg – 500 g = ______ kg
$\frac{3}{4}$ kg – 700 g = ______ kg

7. Wie viele Minuten sind es?

a) 3 h = ______ min
$\frac{3}{4}$ h = ______ min

b) 4 h = ______ min
$1\frac{1}{2}$ h = ______ min

c) 2 h 45 min = ______ min
$2\frac{1}{4}$ h = ______ min